I0035355

ASSE AUX OISEAUX. — 1856

ALMANACH

DE

# L'OISELEUR

OU L'ART DE PRENDRE, D'ÉLEVER,
D'INSTRUIRE LES OISEAUX EN VOLIÈRE, EN CAGE OU EN LIBERTÉ
SUIVI DE L'ART DE LES EMPAILLER.

## PARIS

DESLOGES, Éditeur, rue Croix-des-Petits-Champs, 4.

# CHASSE AUX OISEAUX

## MANUEL

DE

# L'OISELEUR

OU L'ART DE PRENDRE, D'ÉLEVER, D'INSTRUIRE LES OISEAUX,
SOIT EN VOLIÈRE, EN CAGE OU EN LIBERTÉ,

Illustré de

### 24 GRAVURES HORS TEXTE

ET SUIVI DE

# L'ART DE LES EMPAILLER,

PAR CH. JOUBERT,

ex-employé au Jardin des Plantes de Paris.

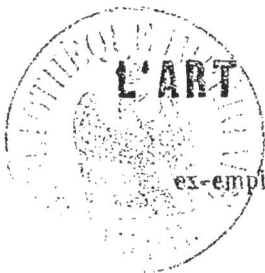

———

## PARIS

DESLOGES, Éditeur, 4, rue Croix-des-Petits-Champs.

1856

# CHASSE AUX OISEAUX

## MANUEL

DE

# L'OISELEUR

OU L'ART DE PRENDRE, D'ÉLEVER, D'INSTRUIRE LES OISEAUX,
SOIT EN VOLIÈRE, EN CAGE OU EN LIBERTÉ,

Illustré de

## 24 GRAVURES HORS TEXTE

ET SUIVI DE

# L'ART DE LES EMPAILLER,

Par Ch. JOUBERT,

ex-employé au Jardin des Plantes de Paris.

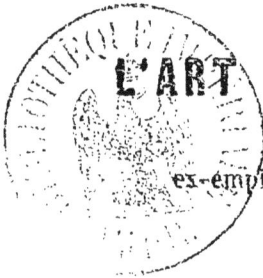

## PARIS

DESLOGES, Éditeur, 4, rue Croix-des-Petits-Champs.

1856

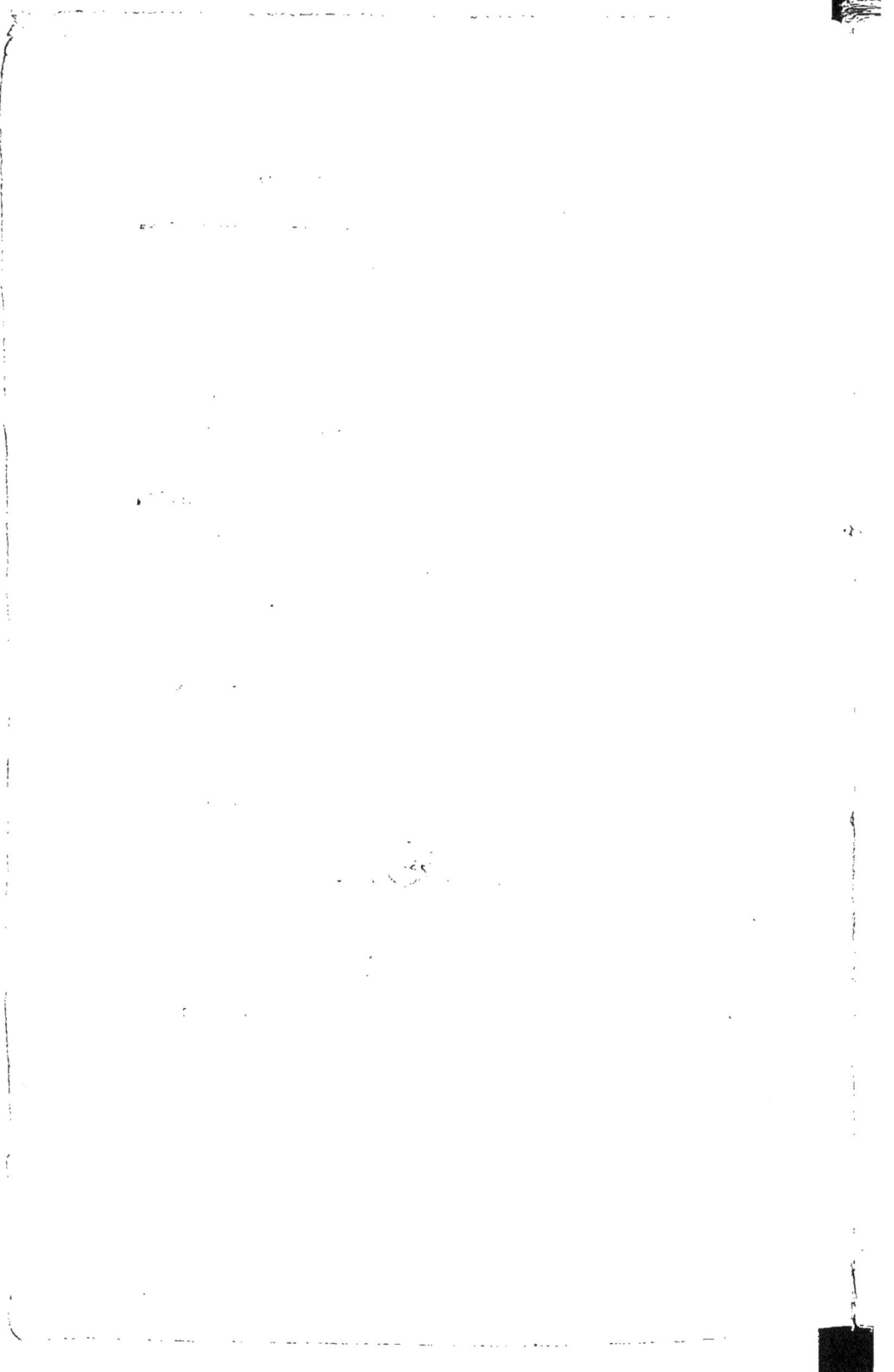

# CALENDRIER POUR L'ANNÉE 1856

| JANVIER | FÉVRIER | MARS | AVRIL | MAI | JUIN |
|---|---|---|---|---|---|
| 1 m. Circoncision. | 1 v. s. Ignace. | 1 s. s. Aubin. | 1 m. s. Hugues. | 1 j. Ascension. | 1 D. s. Pamphile. |
| 2 m. s. Basile | 2 s. Purification. | 2 D. Lœtare. | 2 m. s. Fr. de P. | 2 v s Anathase. | 2 l. s. Pothi. N L |
| 3 j. ste Genev. | 3 D. Quinquage. | 3 l. ste Cunégon. | 3 j. s. Richard. | 3 s Inv. ste Gr. | 3 m. ste Clotilde. |
| 4 v. s. Rigobert. | 4 l. s. Rigobert. | 4 m. s. Casimir. | 4 v. s. Isidore. | 4 D. O t. Asc. N L | 4 m. s. Optat. |
| 5 s. ste Amélie. | 5 m. Mardi gras. | 5 m. s. Adrien. | 5 s. s Amb. N. L | 5 L. Conv. s. Aug | 5 j. s. Boniface. |
| 6 D. Epiphanie. | 6 m. Les Cen. N.L | 6 j. ste Colet. N.L | 6 D. ste Prudence | 6 m. s. Jean P. L | 6 v. s. Claude. |
| 7 l. Noces. N, L | 7 j. s. Romuald. | 7 v. ste Perpétue. | 7 l. s. Clotaire. | 7 m. s. Stanislas | 7 s. s. Lié. |
| 8 m. s. Lucien, év. | 8 v. s. Jean de M. | 8 s. s. Ponce. | 8 m. s. Eudèse. | 8 j. s. Désiré. | 8 D. s. Médard. |
| 9 m. s. Pierre, év. | 9 s. ste Apolline. | 9 D. Passion. | 9 m. ste Marie Eg. | 9 v. T, s. Nicaise. | 9 l. ste Félagie. |
| 10 j. s. Paul, erm. | 10 D. Quadragés. | 10 l. s. Blanchard | 10 j. s. Fulbert. | 10 s. s. Gord. P. f. | 10 m. s. Landri. |
| 11 v. s. Théodore. | 11 l. s. Séverin. | 11 m. s. Eulogiue. | 11 v. ste Godebert | 11 D. Pentec. P. Q | 11 m. s. Barn. P.Q. |
| 12 s. s. Arcade, m. | 12 m. ste Eulalie. | 12 m. s. Pol. | 12 s. s. Iules.P.Q. | 12 L. s. Pancrace. | 12 j. ste Olympe. |
| 13 D. Bap. de N. S. | 13 m. s. Lézin. P.Q. | 13 j. ste Euph. P Q | 13 D. s. Marcelin. | 13 m. s. Servais. | 13 v. s. Antoine P. |
| 14 l. s. Hilai. P.Q. | 14 j. s. Valentin. | 14 v s. Lubin. | 14 l. s. Tiburce. | 14 m. s. Pacôme. | 14 s. s. Rufin. |
| 15 m. s. Maur, ab. | 15 v. s. Faustin. | 15 s. s. Zacharie. | 15 m. s. Paterne. | 15 j. s. Isidore. | 15 D. s. Modeste. |
| 16 m. s. Guillaume | 16 s. ste Julienne. | 16 D. Rameaux. | 16 m. s. Fructueux | 16 v. s. Honoré. | 16 l. s. Fargeau. |
| 17 j. s. Antoine. | 17 D. Reminiscer. | 17 l. ste Gertrude. | 17 j. s. Aniret. | 17 s. s. Pascal. | 17 m. s. Avit. |
| 18 v. Ch. s. Pierre. | 18 l. s. Siméon. | 18 m. s. Alexandre. | 18 v. s. Parfail. | 18 D. La Trinité. | 18 m. ste Marin. PL |
| 19 s. s. Sulpice. | 19 m. s. Gabin. | 19 m. s. Joseph. | 19 s. s. Léon P. | 19 L. s. Yves. | 19 j. s. Gerv. s. Pr. |
| 20 D. Septuagis. | 20 m. s. Euch. P.L. | 20 j. s. Joachim | 20 D. s.Théol P.L. | 20 m. s. Bern. P. L. | 20 v. s. Sylvère. |
| 21 l. ste Agnès. | 21 j. s. Pépin. | 21 v Vend.-S. PL | 21 l. s. Anselme. | 21 m. s. Hospice. | 21 s. s. Leufroy. |
| 22 m. s. Vinc. P. L. | 22 v. ste Isabelle | 22 s. s Victorien. | 22 m. ste Opportu. | 22 j. Fête-Dieu. | 22 D. s. Poulin. |
| 23 m. s. Ildefonse. | 23 D. s. Méraait, rj | 23 D. Pâques. | 23 m. s. Georges. | 23 v. s. Didier. | 23 l. s. Félix. V. J. |
| 24 j. s. Babylas. | 24 D. Oculi. | 24 l. s. Simon M. | 24 j. s. Léger. | 24 s. s. Donatien. | 24 m. N. s. J.-Bap |
| 25 v. Conv. s. P | 25 l. s. Césaire. | 25 m. s. Irénée. | 25 v. s. Marc. A. | 25 D. s. Urbain. | 25 m. s. Pros. D. Q. |
| 26 s. ste Paule. | 26 m. s. Nestor. | 26 m s. Ludger. | 26 s. s. Clet. | 26 L. s. Quadrat. | 26 j. s. Babolein. |
| 27 D. Sexagésime | 27 m. ste Honorine | 27 j. s. Rupert | 27 D. s. Polyc.D.Q. | 27 m. s. Hilde. D Q. | 27 v. s. Crescent. |
| 28 l. s. Charlema. | 28 j s. Rom. Q.T. | 28 v. s. Gontran. | 28 l. s. Vital. | 28 m. s. Germain. | 28 s. s Irénée. |
| 29 m. s. Fran. de S | 29 v. s. Arille. D.Q | 29 s. s. Fris. D.Q. | 29 m. s. Rogat. | 29 j. Oc. F.-Dieu. | 29 D. s. Pierres. P. |
| 30 m. ste Bat. D.Q. | | 30 D. Quasimodo. | 30 m. s. Eutrope. | 30 v. s. Félix. | 30 l. C. des Paul. |
| 31 j. ste Marcelle. | N. 14 E. xxII. C. s. 17 | 31 l. Annonciat | | 31 s. ste Pétronil. | |

# CALENDRIER POUR L'ANNÉE 1856

| JUILLET | AOUT | SEPTEMB. | OCTOBRE | NOVEMBRE | DÉCEMBRE |
|---|---|---|---|---|---|
| 1 m. ste Eléonore. | 1 v. s. Pierre-ès l | 1 L. s. Leu. | 1 m. s. Remi. | 1 s. Toussaint. | 1 l. s. Eloi. |
| 2 m. v. de N.D. NL | 2 s. s. Etienne. | 2 m. ss. Anges. | 2 j. ss. Anges. | 2 D. Trépassés. | 2 m. s. F. Xavier. |
| 3 j. s. Thierry. | 3 D. Inv. s. Etien. | 3 m. s. Grégoire. | 3 v. s. Cyprien. | 3 l. s. Marcel. | 3 m. s. Bloque. |
| 4 v. Tr. d. s. Mar. | 4 l. s. Dominique | 4 j. ste Rosalie. | 4 s. s. Fr. d'Ass. | 4 m. s. Charl. PQ | 4 j. ste Barbe |
| 5 s. ste Zoé M. | 5 m. s. Yon. | 5 v. s. Bertin. | 5 D. s. Auré, v. | 5 m. s. Zacharie. | 5 v. s. Sabas. P Q |
| 6 D. s. Tranquille | 6 m. Tr. de N.-S. | 6 s. s. Onésiphor | 6 l. s. Bruno. | 6 j. s. Léonard. | 6 s. s. Nicolas. |
| 7 l. ste Aubierge | 7 j. s. Gaëtan. | 7 D. s. Cloud. PQ | 7 m. s. Serge. PQ | 7 v. s. Florent. | 7 D. ste Fare. |
| 8 m. s. procope. | 8 v. s. Justin. | 8 l. N. de N.-D. | 8 m. ste Brigitte. | 8 s. stes Reliques | 8 l. Conception. |
| 9 m. s. Cyrille. | 9 s. N. de N.-D. | 9 m. s. Omer. | 9 j. s. Denis. | 9 D. s. Mathurin. | 9 m. ste Gorgonie |
| 10 j. ste Félici PL | 10 D. s. Laurent. | 10 m. ste Pulchérie | 10 v. s. Paulin. | 10 l. s. Juste. | 10 m. ste Valère. |
| 11 v. Tr. de s. B | 11 l. ste Suzanne. | 11 j. s. Hyacinthe | 11 s. s. Gomer. | 11 m. s. Martin. | 11 j. s. Daniel. |
| 12 s. s. Gualbert. | 12 m. ste Claire. | 12 v. s. Raphaël. | 12 D. s. Gomer. | 12 m. s. René. P L | 12 v. s. Valérie. |
| 13 D. s. Eugène. | 13 m. s. Hippolyte | 13 s. s. Maurille. | 13 l. s. Géran. DQ | 13 j. s. Brice. | 13 s. ste Luce. |
| 14 l. s. Bonavent. | 14 j. s. Guer. v. j. | 14 D. Ex. ste C. P L | 14 m. s. Calixte. | 14 v. s. Bertrand. | 14 D. s. Nicaise. |
| 15 m. s. Henri. | 15 v. Assomption. | 15 l. s. Nicomède. | 15 m. ste Thérèse. | 15 s. ste Eugène. | 15 l. s. Mesmin. |
| 16 m. s. Eustate. | 16 s. s. Roch. P L | 16 m. s. Corneille. | 16 j. ste Eugène. | 16 D. s. Edme. | 16 m. ste Adélaïde. |
| 17 j. s. Alexis. PL | 17 D. s. Mammès. | 17 m. s. Lambert. | 17 v. s. Cerbonet. | 17 l. s. Agnan. | 17 m. ste Olym. PL |
| 18 v. s. Tho. d'A. | 18 l. ste Hélène. | 18 j. s. J. Chrys. | 18 s. s. Luc, évan. | 18 m. s. Aude. | 18 j. ste Gatien. |
| 19 s. s. Vincent. | 19 m. s. Louis, év. | 19 v. s. Janvier. | 19 D. s. Savinien. | 19 m. ste Elisa. DQ | 19 v. s. Tim. Q. T |
| 20 D. ste Marguer. | 20 m. s. Bernard. | 20 s. s. Eustache. | 20 l. s. Caprais PQ | 20 j. s. Ramond. | 20 s. s. Philogon e |
| 21 l. s. Victor. | 21 j. s. Privat. | 21 D. s. Matt. D.Q. | 21 m. ste Ursule. | 21 v. Prés de N.-D. | 21 D. s. Thomas. |
| 22 m. ste Magdel. | 22 v. s. Symp. PQ | 22 l. s. Maurice. | 22 m. s. Mellon. | 22 s. ste Cécile. | 22 l. s. Honorat. |
| 23 m. s. Apollinaire | 23 s. s. Sidoine. | 23 m. ste Thècle. | 23 j. s. Hilarion. | 23 D. s. Clément. | 23 m. ste v-toire. |
| 24 j. s. Canle. DP | 24 D. s. Barthélem | 24 m. s. Andoche. | 24 v. s. Magloire. | 24 l. s. Séverin. | 24 m. s. Delp. V. j |
| 25 v. s. Jac. Maj. | 25 l. s. Louis, roi. | 25 j. s. Firmin. | 25 s. s. Crépin. | 25 m. ste Catherin. | 25 j. Noël. |
| 26 s. T. s. Marcel. | 26 m. Fin des J.C. | 26 v. s. Crépin. | 26 D. s. Rustique. | 26 m. ste Geneviè. | 26 v. s. Etienne. |
| 27 D. s. Pantaléon | 27 m. s. Césaire. | 27 s. s. Rustique. | 27 l. s. Frumence. | 27 j. s. Maxi. N L | 27 s. s. Jean N. L. |
| 28 l. ste Anne. | 28 j. s. Augustin. | 28 D. s. Céran. | 28 m. s. Simon. N L | 28 v. s. Sosthène. | 28 D. ss Innocens. |
| 29 m. ste Marthe. | 29 v. s. Médéric. | 29 l. s. Michel. NL | 29 m. s. Faron. | 29 s. s. Saturnin. | 29 l. s. Throphine |
| 30 m. s. Abdon. | 30 s. s. Fiacre. NL | 30 m. s. Jérôme. | 30 j. s. Lucain. | 30 D. Avent. | 30 m. s. Sabin. |
| 31 j. s. Germ. N L | 31 D. s. Ovide. | | 31 v. s. Quen. V. j. | | 31 m. s. S...esaire. |

# PRÉFACE.

Lorsqu'il naquit, l'homme reçut de la bonté de
son Créateur la puissance de soumettre à ses besoins tous les divers éléments répandus dans la
nature ; quoique doué physiquement d'une orga-
nisation faible, au milieu du sublime isolement
dans lequel son être était plongé, il sut élever son
génie au-dessus de la matière. De ses yeux, ou-
verts à peine, il observa l'insecte, mesura, com-
prit la divine harmonie qui coordonna les mondes, redescendit en lui-même, s'interrogea, et
l'éclatant témoignage de sa conscience et de son
libre arbitre le pénétra de la supériorité intellec-
tuelle qu'il avait et qu'il exerçait sur toute chose
créée. Aussi, par la volonté de Dieu, sur le
globe, l'homme jeté nu, sans abri, exposé
sans relâche aux intempéries des saisons, se
fit, de riches toisons des nombreux troupeaux

qui peuplaient la montagne et la plaine, un vête-
ment chaud qui lui permit de braver le vent, le
froid et la pluie. Plus tard il sentit la nécessité
d'améliorer ce premier bien-être, et aussitôt il se
mit à la recherche des substances nutritives. On
le vit alors assouplir les corps les plus durs ; les
roches, les pierres, le fer, le cuivre, l'or, prirent
des formes qui l'aidèrent à devenir vraiment le
maître du monde.

Les premiers besoins de l'existence une fois
satisfaits, il chercha le luxe et le superflu. Le rè-
gne végétal lui présenta une large moisson de sa-
tisfaction (qu'on nous pardonne l'expression),
aussi vit-on les jardins éclore comme par en-
chantement. Babylone offrit au genre humain
les premières merveilles de l'horticulture, merveilles que l'histoire classe au nombre des sept
connues. Le végétal, depuis cette époque, se
courbe à la volonté de l'homme. De grands agro-
nomes surgirent : Varron, Magon, Pline, Virgile,
Collumele, etc., donnèrent méthode sur méthode.
La greffe est inventée, les fleurs se doublent, les
marcottes jettent leurs racines dans des terres

factices, les engrais changent de localité, les serres changent les climatures, et la végétation, qui avait voulu jusqu'alors prendre les allures du *chacun chez soi*, devint, par la puissance et la volonté de l'homme, à la portée de tous ; de telle sorte que l'équateur vint joindre le pôle, et le pôle envoya sa végétation malingre dans des mondes où le soleil darde incessamment ses puissants rayons.

Au contact de l'homme, les bêtes sauvages adoucirent leurs instincts féroces et obéirent à sa voix. Sans remonter dans l'antiquité, qui nous en offrirait une foule d'exemples, de nos jours n'avons-nous pas vu les Carter, les Vanderburg et bien d'autres encore se faire docilement écouter de leurs redoutables élèves. — L'animal soumis à l'homme devait recevoir de celui-ci l'empreinte intelligente de sa nature. — Les animaux pouvant être susceptibles d'éducation et d'instruction, l'homme, pour son plaisir et pour se délasser du labeur de chaque jour, apprivoisa aussi ce qui lui semblait moins pénible et plus aimable, c'est-à-dire les oiseaux. Et qu'ici on ne vienne pas nous dire que les animaux et les oiseaux en particulier ne peuvent pas être instruits et recevoir de l'homme ses caprices et ses lois. Nous n'en citerons qu'un seul exemple dont nous garantissons l'authenticité :

Un de nos amis, ancien louvetier, grand chasseur par excellence, avait attrapé un jour un certain sansonnet auquel il apprit à siffler en quelques mois cet air si connu :

> Vive Henri IV,
> Vive ce roi vaillant,
> Ce diable à quatre
> A le triple talent, etc.

L'étourneau sifflait l'air avec une rare perfection et charmait continuellement la solitude de notre chasseur ; mais, hélas ! un jour un ami de la liberté quand même ouvrit inconsidérément la cage et l'oiseau prit la clé des champs ; trois mois après, en se promenant dans un bois qui environnait son castel, notre louvetier entendit siffler le fameux : *Vive Henri IV !* les modulations venaient en foule avec force fioritures; le chant cesse, ô stupeur! à l'autre extrémité du bois un sansonnet répond au premier par le même air, et celui-ci n'avait pas terminé qu'un troisième musicien plus empressé attaquait les premières notes.

Après un fait pareil, il n'est guère probable qu'un contradicteur ose prétendre que les oiseaux ne sont pas aptes à être instruits.

Que dire donc? sinon que le but que nous avons cherché à atteindre en écrivant ce livre est suffisamment motivé; parce que, suivant nous, la volière est à l'horticulture ce que la basse-cour est au cultivateur.

Afin que notre Manuel soit plus complet, nous avons fait dessiner et graver sur bois les principaux oiseaux.

La série que nous offrons à nos lecteurs est imprimée hors texte et intercalée dans l'ouvrage. Le nom de chaque oiseau est en quatre langues : en *français*, en *anglais*, en *espagnol* et en *allemand*.

# MANUEL

## DE

# L'OISELEUR

C'est dans les jardins généralement qu'on place et qu'on doit placer les volières dans lesquelles on veut élever une nombreuse variété d'oiseaux.

On choisit pour son emplacement un endroit exposé au levant et au midi, et à l'abri du nord ; il est bon d'y pratiquer quelques retraites murées dans lesquelles les oiseaux puissent se préserver des chaleurs de l'été et des grands froids de l'hiver. L'intérieur du mur doit être peint en couleur claire et gaie, soit blanc, bleu de ciel, vert, à fond de paysage. Autant que possible, il faut laisser croître dans l'intérieur de la volière cinq ou six arbres de verdure permanente; ou bien encore on renouvelle tous les mois des plantes vertes coupées exprès pour rendre, aux yeux des oiseaux, l'effet de la végétation naturelle. Deux arbres ou arbustes doivent être laissés à demeure et placés à certaine distance l'un

de l'autre. On suspend à leurs branches quelques petits paniers propres à devenir des nids, et on les couvre en dehors et sur les bords de feuillage d'asperge.

Vous ferez en sorte de conduire dans les abreuvoirs
de cette volière de l'eau vive; vous nettoierez ces
abreuvoirs tous les deux ou trois jours, et vous les
changerez d'eau.

Comme il est dangereux pour les oiseaux de se baigner pendant qu'ils couvent, vous aurez recours, en
cette occasion, aux abreuvoirs couverts, où bien vous
détournerez l'eau de la fontaine, et leur donnerez à
boire dans une auge longue, recouverte d'un bord
doublé de fer-blanc dans lequel vous pratiquerez plusieurs petits trous; vous attacherez en même temps,
dans l'endroit qui est le plus commode pour manger,
de la chicorée sauvage, des bettes, du laiteron, de la
laitue et autres herbes semblables, avec quelques petits paquets de graines de plantin et de millet; vous
placerez, en outre, dans la volière, à l'entrée de la
cage, deux barres de fer qui la traverseront totalement
et qui seront attenantes au mur. Ces barres, outre
qu'elles servent de soutien, sont fort commodes pour
percher les oiseaux.

Vous placerez en dedans de la volière, sur le plan-
cher, le long des murs, des augets proportionnés à la
grandeur de la volière et à la quantité des oiseaux.
Dans l'un de ces augets, vous mettez du grain et des

criblures; dans l'autre, du millet et du panis; dans le troisième, du chenevis et de l'alpiste, et dans le quatrième, de la poussière et du sable mêlé avec des branches d'arbres, à la hauteur de deux doigts ou un peu plus. Ce dernier auget aura les rebords plus hauts, pour que les oiseaux, en se vautrant, afin de se débarrasser des parasites qui les tourmentent, ne jettent rien dehors; vous attacherez aussi avec une ficelle, aux deux traverses de fer, quatre ou cinq petits paniers revêtus de verdure; vous emploierez trois cerceaux pour les faire, deux petits et un grand pour le milieu.

Lorsque vous vous apercevrez que les oiseaux gâtent leur manger et le perdent, vous le leur mettrez dans quelques vaisseaux de terre construits en forme de tour, ayant à leur base deux séparations ou guichets d'où le manger puisse s'échapper peu à peu, et garnis, à une distance d'environ deux doigts, d'une espèce de rebord.

Vous ferez épousseter la volière de temps en temps; vous ferez aussi nettoyer les bâtons sur lesquels les oiseaux se perchent.

Il sera encore très-à-propos de placer, au milieu de chaque canton de la volière, un bâton postiche ajusté dans son fer, qui puisse s'ôter et se remettre facilement.

Enfin, vous ferez en sorte que ce soit toujours la même personne qui prenne soin de la volière.

## LES OISEAUX DE MA VOLIÈRE.

(CHANSON.)

Venez, venez, petits oiseaux,
Dans ma volière il faut vous rendre;

J'aurai pour vous des airs nouveaux
Que vous serez heureux d'apprendre!
Vous ne craindrez plus la fureur
Du vautour aux serres cruelles,
Et, sous les yeux de l'oiseleur,
Vous pourrez agiter vos ailes!

Venez, venez, petits oiseaux,
Je vous ferai des jours si beaux!


Venez, venez, petits oiseaux,
Pour vous je serai bonne et tendre!
Rossignolets et passereaux,
Il m'est si doux de vous entendre!
Quand au printemps croîtront les fleurs,
Dans leur calice frais et rose,
Baigné par la rosée en pleurs,
Que votre petit pied se pose!

Venez, venez, petits oiseaux,
Je vous ferai des jours si beaux


Venez, venez, petits oiseaux,
Vous trouverez dans ma volière
Un sûr asile, un doux repos,
Les fleurs, le ciel et la lumière!
Là, vos amours et vos chansons
Seront à l'abri de l'orage

Et, plus heureux qu'en vos buissons,
Vous bénirez votre esclavage !

Venez, venez, petits oiseaux,
Je vous ferai des jours si beaux !

Venez, venez, petits oiseaux,
A l'horizon vient un nuage !
Dans ma volière de roseaux
Vous avez le calme et l'ombrage !
Puis, quand reviendront les autans,
Vous resterez, troupe gentille,
Pour vous rappeler le printemps,
Sous les toits d'une jeune fille !

Venez, venez, petits oiseaux,
Je vous ferai des jours si beaux !

Venez, venez, petits oiseaux,
Dans votre nid toujours fidèle,
Pour préparer de frais berceaux
J'entends déjà qu'on vous appelle !
Et, quand viendra la fin du jour,
A l'heure aimée où tout repose,
Ah ! célébrez vos chants d'amour,
Cachés dans des touffes de rose !

Venez, venez, petits oiseaux,
Je vous ferai des jours si beaux !

MARC CONSTANTIN.

Alouette. — Lark. — Alondra. — Lerche.

Bouvreuil. — Bullfinch. — Bubrelo. — Dampfaffe. **2**

## Des principaux oiseaux de volière et de cage.

Nous nous bornerons, dans ce traité, à indiquer les principaux oiseaux qui servent à l'ornement d'une volière, de manière à mettre le lecteur au courant des notions les plus essentielles pour l'éducation des oiseaux et des soins à donner à leur conservation et à leur propagation.

Nous laisserons de côté les détails descriptifs qui ne nous paraissent guère avoir d'intérêt, puisque nous parlons d'animaux que tout le monde connaît, au moins de vue.

## LES ALOUETTES.

On compte six espèces d'alouettes : 1° l'alouette commune ; 2° l'alouette des champs ; 3° l'alouette des prés ; 4° l'alouette des bois ; 5° la grosse alouette ; 6° l'alouette huppée. On sait le charme et la délicatesse du chant de l'alouette immortalisée par la belle scène de *Roméo et Juliette*. Nous ne décrirons pas les différentes classes de l'alouette ; on sait qu'elles varient à l'infini ; c'est, du reste, un oiseau assez facile à prendre. Quant à son éducation, on peut se reporter aux renseignements donnés à l'égard du rossignol, qui peuvent s'appliquer aussi bien à l'alouette.

L'alouette huppée chante admirablement, aussi la recommandons-nous spécialement aux amateurs.

# LE BOUVREUIL.

C'est un oiseau assez joli ; le mâle a la tête noire, les tempes, la gorge, la poitrine et le ventre rouges, le col et le dos d'un bleu cendré ; la peau entière noire, bleuâtre en dessus ; le croupion blanc dessus et dessous ; le bec noir, très-gros, bossu des deux côtés ; les deux mâchoires mobiles ; les narines larges, recouvertes de petites soies ; les ailes noires, avec une ligne transversale blanchâtre ; seize grandes plumes des ailes noires, blanches vers le bord intérieur ; douze plumes à la queue, noires, sans taches ; les plumes de l'aile, qui sont en recouvrement, noirâtres, mais blanches au bout, depuis la neuvième jusqu'à la seizième. Quant à la femelle, elle a la tête noire jusqu'aux yeux ; sa gorge noire, ses ailes aussi noires, blanches en dessus, de même que la queue ; le croupion blanc, et la région des cuisses pareillement blanche ; le dos cendré ; la base de la queue blanche en dessus et en dessous ; le bec très-court, très-gros et couvert de tous

côtés; la langue ovale, charnue, divisée par filaments
à son extrémité; le dessus du corps, depuis les yeux
jusqu'aux cuisses, cendré; les grandes plumes des
ailes et de la queue noires, et celles qui recouvrent les
grandes plumes postérieures des ailes et de la queue,
blanches par le bout. Le mâle devient quelquefois, en
cage, peu à peu noir, comme les corbeaux. On pré-
tend que c'est le chènevis, qu'on lui donne pour
nourriture, qui lui occasionne ce changement de couleur; cependant il préfère cette graine à toutes les
autres; mais quand il mue, il reprend sa première
couleur rouge.

Le bouvreuil fait son nid dans les haies; la femelle
y dépose pour l'ordinaire quatre œufs: l'épine blanche
est celui de tous les arbrisseaux qu'elle choisit par préférence pour y construire son nid. Cet oiseau se nourrit, à la campagne, de vers, de chènevis et de quelques baies; au printemps, il fait un grand tort aux
arbres fruitiers, surtout aux pommiers et aux poiriers,
dont ils mangent les bourgeons. Si l'on veut élever les
petits pris dans le nid, on les nourrira avec du cœur,
et on leur donnera aussi quelquefois des vers et de la
pâte comme au rossignol. Lorsqu'ils seront un peu
grands, ou, pour mieux dire, entièrement élevés, on
pourra leur donner du chènevis et des baies de sureau
aquatique, autrement aubier. Quand on le prend
grand, si on veut l'habituer à manger, il faut lui don-

ner beaucoup de nourriture; d'ailleurs, c'est l'oiseau le plus facile à apprivoiser. Il fait des petits et les élève dans des volières à la maison; on l'appareille quelquefois avec une serine; mais, pour bien y réussir, il faut laisser écouler une année entière avant de le laisser approcher de la serine. Il ne faut pas même le laisser manger avec elle dans le même vaisseau; c'est la vraie façon de les habituer l'un avec l'autre. Cet oiseau apprend les airs de flageolet, à contrefaire tout ce qu'on veut, même la voix de plusieurs oiseaux; on en a vu qui ont aussi appris à parler : la femelle ne chante pas moins que le mâle, ce qui est singulier. La durée de la vie de cet oiseau est d'environ cinq ou six ans.

## LE BRUANT.

Oiseau d'un ton vert assez agréable à l'œil. Le bruant est, avec le serin, un des plus amusants pensionnaires de cage. La femelle se distingue du mâle par la pâleur verdâtre de son plumage, beaucoup moins accusé que celui du mâle.

On nourrit le bruant en cage avec du chènevis, de l'alpiste, ou même simplement de l'avoine.

Il vient si près des maisons pendant l'hiver, qu'on le voit souvent avec les moineaux devant les greniers et les granges, et qu'il entre même dedans. Il s'appri-

Bruant. — Yellow-Hammer. — Emberiza. — Goldammer.

Caille. — Quail. — Codorniz. — Wachtel.

voise facilement; il s'habitue même à venir sur le poing,
et à tirer avec adresse de petits seaux qui renferment
son boire et son manger. Il chante assez doucement,
surtout dans la compagnie d'autres oiseaux. Son chant
est d'environ six notes ou tons sur une clé; le dernier
de ces tons est affaibli et allongé. Le bruant commence
à chanter à la fin de février. C'est un oiseau du pays;
il y fait toute l'année sa résidence; on le trouve souvent dans la compagnie des pinsons. Il dure longtemps
en cage; cependant la durée ordinaire de sa vie est
d'environ cinq ou six ans.

Ceux qui aiment la chasse au filet ont coutume de
garder des bruants, parce qu'au moyen de leur ré-
clame on peut prendre une grande quantité d'oiseaux.

Le temps de la chasse des bruants est en automne,
et se continue jusqu'en avril; mais le meilleur moment
est dans les mois d'octobre et de novembre. Si l'on en
veut prendre au printemps, il est nécessaire de former
dans l'espace, entre l'un et l'autre filet, un buisson ou
on place en forme de bosquet, de la roquette, de la mer-
curiale et de l'épine-vinette, avec quelques pieds de char-
dons; on y placera même des perches d'orme; elles
seront d'autant meilleures qu'elles auront leurs semen-
ces; et on arrangera tellement ces plantes sur le terrain, qu'elles devront y paraître comme si elles y étaient
venues naturellement.

# LES CAILLES.

Ces oiseaux ont beaucoup de ressemblance avec les perdrix, mais plus petits : la *Caille commune* est très-répandue dans nos contrées pendant la belle saison ; elle dépose ses œufs à terre, dans les blés, et se nourrit principalement de grains et d'insectes. Quand approche la saison rigoureuse elle nous quitte pour traverser la Méditerranée et passer l'hiver en Afrique.

La Caille se reconnaît très-bien à son cri, qui semble vouloir reproduire ces trois mots : *paie tes dettes.*

# LE CHARDONNERET.

On le classe parmi les oiseaux chanteurs, et l'on n'a pas tort ; on pourrait aussi le classer parmi les oiseaux charmants à l'œil. Rien n'est plus gracieusement harmonieux, dans sa variété de nuances, que la robe du chardonneret.

Le mâle se distingue de la femelle par le tour du bec et les épaules complétement noirs, tandis que la femelle les a d'un brun caractéristique ; du reste, la femelle n'a point sur la tête de taches rouges comme le mâle.

Pour élever les jeunes chardonnerets, il faut les prendre dans le nid lorsque leurs plumes sont entièrement poussées, et on les nourrira ensuite de la manière suivante. On prendra des échaudés, des amandes mondées et de la semence de melon ; on pilera le tout ensemble, et on en fera une pâte ; on pourra encore faire la pâte avec des noix et un peu de massepain ; on fait avec ce mélange des boulettes, comme de petits grains de vesce ; on les présente une à une au bout d'une brochette aux petits ; on en donne ensuite trois ou quatre à chaque petit oiseau. A l'autre bout du bâton on a un peu de coton, on le trempe dans de l'eau, et on le présente ensuite à l'oiseau pour le faire boire. Lorsque les petits chardonnerets commencent à manger seuls, on leur donne du chènevis broyé avec de la graine de melon et du panis, et, quand ils sont forts, on les nourrit exclusivement de chènevis.

Les meilleurs chardonnerets à élever sont ceux du mois d'août, et principalement ceux qui se couvent dans les nids faits sur des pruniers et dans les broussailles, ou sur les orangers ; on a observé que plus les chardonnerets sont niais étant jeunes, meilleurs ils sont pour élever en cage ; si on met ces jeunes chardonnerets auprès d'une linotte, d'un serin et d'une fauvette, leur chant se coupe par sa variété : il forme une espèce de petit chœur. Des chardonnérets élevés en cage y ont vécu jusqu'à vingt ans.

On prend ordinairement les chardonnerets au trébu- chet, ou à la pipée, ou au retz saillant.

## LE CORBEAU.

Malgré leur naturel défiant, ces oiseaux en captivité s'apprivoisent facilement et apprennent même à pro- noncer quelques paroles. Libres, ils placent leur nid dans les rochers, dans les fentes des hautes murailles, et dans les tours ou clochers élevés. Il y en a de diffé- rentes espèces : le *corbeau ordinaire*, la *corneille*, le *freux* et le *corbeau des clochers*.

## LES FAUVETTES.

Nommer la fauvette, c'est annoncer le second sujet du personnel chantant de nos bois et de nos volières, la grande Dugazon de l'opéra comique de la Nature. On connaît plusieurs espèces de fauvettes ; mais celle qu'on élève le plus généralement est la fauvette à tête noire,

Chardonneret. — Gold finch. — Jilguero.— Distelfink.

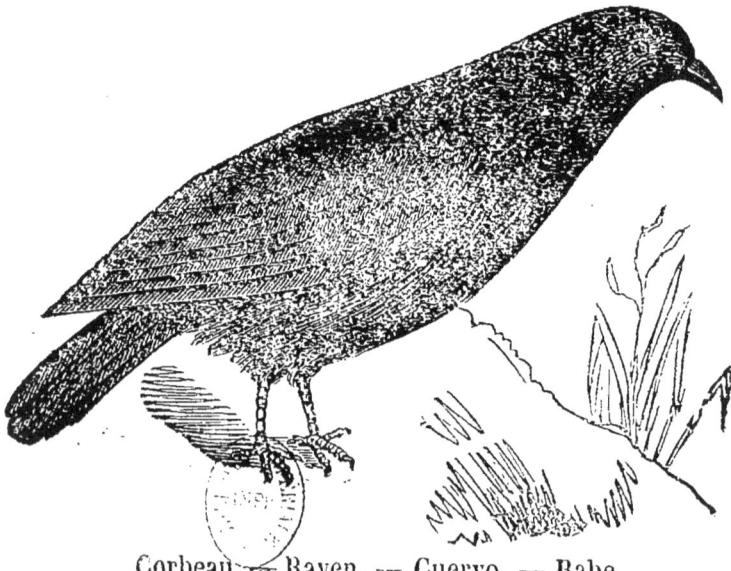

Corbeau. — Raven. — Cuervo. — Rabe.

parce qu'elle chante plus aisément et mieux que les autres. On se sert, pour élever les fauvettes, du même moyen usité pour les rossignols.

## LE GEAI.

Il est un peu moins gros que le pigeon ; son plumage est remarquable. Tout le corps est d'un gris-vineux, et l'aile présente une large tache bleu vif rayée de bleu foncé. Il se nourrit de glands pendant l'automne et l'hiver. Pendant les autres saisons, il mange les pois verts, les groseilles, les fruits de ronces et les cerises, etc. Etant jeune, on lui apprend facilement à parler : il contrefait très bien le chien, le chat, la poule, les sanglots des enfants et le son de la trompette.

Les mœurs et les habitudes du geai ont beaucoup de ressemblance avec celles des pies.

On prend les geais en remplissant un vase d'huile de noix que l'on met dans le lieu qu'ils fréquentent. L'oiseau, en approchant du plat et y voyant son image, suppose que c'est un geai, et fond dessus ; alors ses ailes imprégnées d'huile ne lui permettent plus de s'élever en l'air.

# LA GRIVE CHANTANTE.

La voix de cette espèce est étendue et très douce ;
elle se fait entendre l'été surtout, à l'aube du jour et à
l'approche de la nuit ; elle a les yeux couleur noisette,
le bec foncé, le dos, le dessus des ailes et la tête brun-
olive foncé, les extrémités des plumes b'anches, la partie inférieure du dos nuancée de jaune ; la queue est
brune, et les deux plumes de dessus à pointes blanches,
les pattes jaunes et les ergots noirs. La femelle ne diffère du mâle que par moins d'éclat dans les couleurs ;
elle pond deux fois l'an de trois à six œufs par couvée ;
les petits commencent à voler vers la fin d'avril ; pris au
nid au milieu de leur croissance, il faut les nourrir avec
du pain trempé dans du lait. On peut leur apprendre à
siffler des airs. Une fois vieux on les nourrit comme
les merles dont elles diffèrent peu. La grive boit et se
baigne beaucoup ; sa cage doit être spacieuse, vu ses
élans brusques.

Nous possédons dans nos contrées trois espèces de
grives : la *grive proprement dite*, la *litorne* et la
*drenne*, qui ne diffèrent entre elles que par les nuances
du plumage.

Fauvette. — Tom-tit. — Curruca. — Grasmüke.

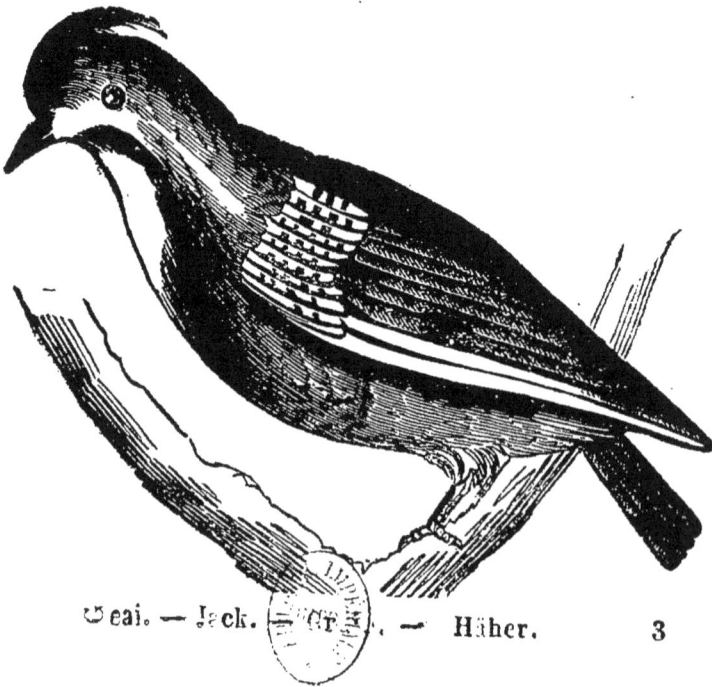

Geai. — Jack. — Gr... — Häher.

3

# LE GROS-BEC

Cet oiseau doit son nom à l'un de ses caractères distinctifs ; son corps est d'un tiers plus gros que celui d'un pinson ; mais sa tête est, relativement à la taille, d'une grosseur démesurée ; elle est de couleur roussâtre : son cou est de couleur cendrée, son dos est roux, sa poitrine et ses côtés sont aussi de couleur cendrée, légèrement teints de rouge.

Le gros-bec est fort commun en France ; il passe l'été sur les montagnes et dans les bois, et, pendant l'hiver, il habite la plaine. Il fait son nid sur le sommet des montagnes, il y pond cinq ou six œufs. Il a le bec si fort, qu'il casse avec facilité les noyaux d'olive et de cerise, de même que les noix. Il fait beaucoup de dommage aux arbres, il en mange les boutons : si on ne le tuait pas comme un oiseau bon à manger, on ferait très-bien de le tuer comme oiseau destructeur.

La durée de sa vie n'est pas déterminée. On le met en cage pour servir d'appelant, quand on veut en prendre au filet de son espèce. On lui donne pour nourriture du chènevis, du panis, de l'alpiste, et d'autres graines semblables. On est dans l'usage d'en nourrir dans les volières ; mais il ne faut pas que ces volières soient trop petites, car il ne manquerait pas de tourmenter les autres oiseaux.

## LE JASEUR.

Cet oiseau a la tête ornée d'un toupet de plumes un peu plus allongées que les autres. Il est à peu près gros comme un moineau, porte un plumage d'un gris-vineux, la gorge noire; la queue est bordée de jaune à son extrémité; l'aile, noire variée de blanc.

Cet oiseau arrive dans nos contrées à des intervalles longs et sans régularité. Il est doux, sociable, facile à prendre et à élever; il se nourrit généralement de tout.

## LES LINOTTES.

On connaît plusieurs espèces de linottes : la linotte commune, la linotte grise, la grande linotte des vignes, la grosse linotte des montagnes, la très-petite linotte de Lorraine, etc.

La linotte commune est grosse comme un moineau, elle a la tête couverte d'un plumage cendré noir ; son dos

Grive. — Thrush. — Tordo. — Grammetzvogel.

Gros-bec. — Big-beak. — Pico-gordo. — Grossschnabel.

est mêlé de noir et de roux; sa poitrine est blanche; son bas-ventre tire sur le blanc jaunâtre; le haut de sa gorge est d'un beau rouge, et le bord des ailes roux; leurs grandes plumes sont noirâtres et blanchâtres par les côtés et à leurs extrémités, ainsi que la queue; la couleur de ses pieds est d'un brun obscur. On élève cet oiseau en cage, et on le nourrit avec du millet et de la navette; il chante très-bien, et il apprend avec facilité des airs de serinette.

La linotte grise, ou petite linotte, a ses plumes beaucoup moins roussâtres que celles de la précédente; elle commence à nicher dès le mois de mars, c'est-à-dire, un mois avant l'autre.

La grande linotte des vignes est un peu moins grande que la linotte ordinaire; le plumage de sa poitrine et du dessus de sa tête est rougeâtre; aussi l'appelle-t-on linotte rouge.

La petite linotte des vignes a le bec moins gros et plus aigu : la femelle, de même que le mâle, est rouge au dessus de la tête; et ses pieds sont plus noirs. Cette dernière espèce de linotte vole en troupe, ce que ne font pas les autres linottes.

La grosse linotte des montagnes est plus grande du double que la grande linotte des vignes; son croupion est rouge et sa queue est longue.

On ne nourrit les linottes en cage que lorsqu'elles ont été prises toutes jeunes dans le nid; dans ce cas elles apprennent à siffler beaucoup plus facilement. On distingue les linottes aptes à être instruites d'avec celles qui n'en sont pas susceptibles, lorsqu'elles disent dans leurs prétendus ramages : *Dieu soit loué, Dieu soit béni,* et d'autres choses semblables. On les instruit le soir, à la chandelle, avec un flageolet ou une serinette; elles apprennent d'autant mieux qu'on a soin de leur siffler des airs doux et agréables, qui approchent même de la parole : il n'y a que les mâles qui puissent siffler ; on les distingue d'avec les femelles par trois ou quatre plumes de leurs ailes qui se trouvent blanches.

Quand on élève avec soin les linottes prises dans leurs nids, c'est-à-dire en leur donnant de bons aliments et les tenant dans un endroit chaud, on peut dire qu'elles deviennent très-jolies ; il faut varier leur nourriture : on leur donne, par exemple, à manger du panis, de la semence de melon mondée et pilée conjointement avec le panis, ou avec un peu de pâte de massepain ; on leur présente quelquefois cette nourriture à la main pour les apprivoiser. De toutes les graines qu'on peut leur donner, on peut dire que le panis est la plus saine

Jaseur. — Prater. — Picotero. — Plauderer.

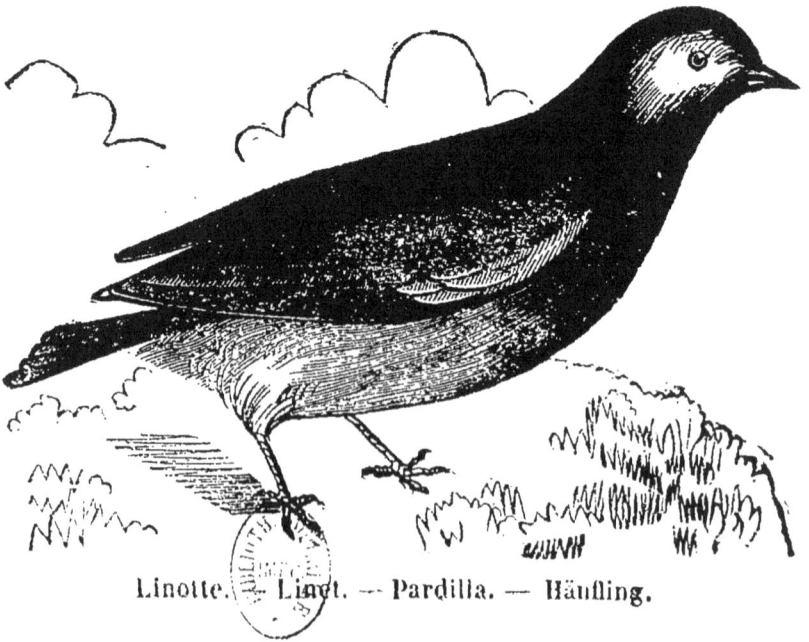

Linotte. — Linet. — Pardilla. — Hänfling.

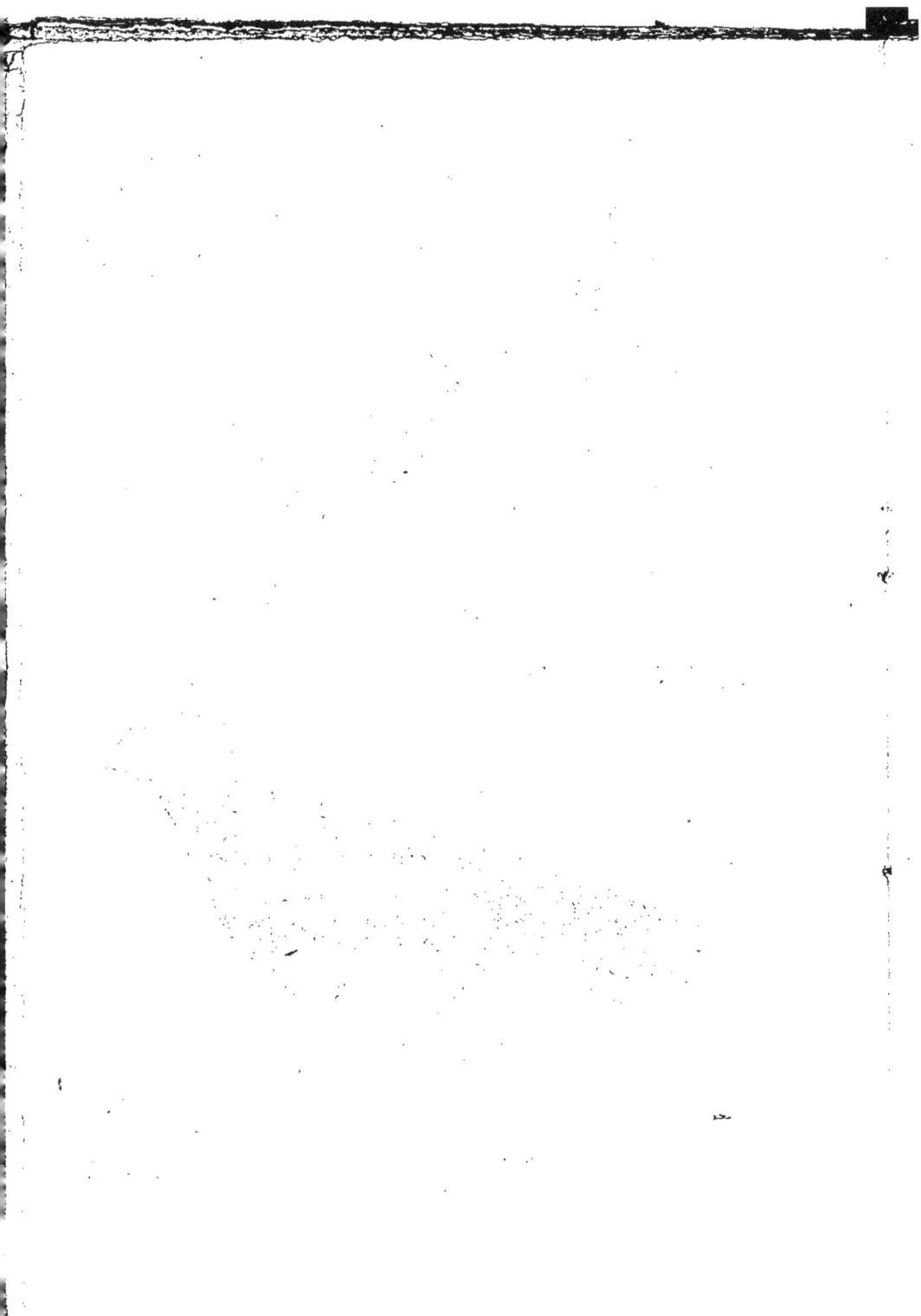

# LES MERLES.

Oiseau chanteur, siffleur et même parleur, le merle s'élève aussi dans l'isolement. Le merle a surtout une mémoire remarquable; ce qu'il a appris une fois, il s'en souvient toute sa vie ; mais sa voix n'a jamais la puissance d'articulation de celle du perroquet. Ce qu'il y a de mieux dans son organe et dans ses talents, c'est un sifflement qui est varié.

Le merle est un oiseau très-facile à nourrir, à la condition de lui donner beaucoup d'aliments en graines et en restes de table de toute espèce. Il est aussi très-fécond et on peut le faire pondre en cage.

Les espèces qu'on rencontre en Europe sont, après le *merle commun*, le *merle à plastron blanc*, le *merle de roche*, le *merle bleu* et le *merle solitaire*.

Le merle polyglotte est l'oiseau qui parle le mieux et qui a le plus de facilité pour apprendre; il est originaire d'Amérique.

# LES MÉSANGES.

On compte une variété nombreuse d'espèces de mésanges, vingt-cinq environ, dont six sont répandues dans toutes les parties de la France ; ce sont : la *char-bonnière*, la *petite charbonnière*, la *nonnette*, la *tête bleue*, la *huppée* et la *longue queue*. Nous nous bornerons à parler de la grosse mésange ordinaire, l'espèce la plus commune en France, et qui a les meilleures dispositions pour le chant.

La mésange est un oiseau carnivore ; on la nourrit avec les restes des aliments du ménage, avec des limaçons, du fromage nouvellement caillé, ou des œufs de fourmi ; mais si on veut la régaler, il faut lui donner des noisettes.

## LES MOINEAUX.

On n'élève guère de moineaux dans les volières. Cet oiseau colère et vorace manque complètement d'amabilité ; nous ne pensons pas que, sauf et depuis *le Moineau de Lesbie*, si délicieusement chanté par Catulle et célébré depuis par Barthet, aucun moineau ait paru digne d'inspirer une passion ou une affection, à moins que ce ne soit à quelque pauvre prisonnier ; le prisonnier s'attache à tout ce qui lui rappelle la liberté, de même que le cœur de l'exilé se prend à tout ce qui lui rappelle la patrie.

Il faut à peu près vingt livres de blé par an pour nourrir un couple de moineaux ; des personnes qui en avaient gardé dans des cages me l'ont assuré. Que l'on juge par leur nombre de la déprédation que ces oiseaux font de nos grains ! car quoiqu'ils nourrissent leurs petits d'insectes dans le premier âge, et qu'ils en mangent eux-mêmes une assez grande quantité, leur principale nourriture est notre meilleur grain ; ils suivent le laboureur dans le temps de semailles, les moissonneurs pendant celui de la récolte, les batteurs dans les granges, le fermier lorsqu'il jette le grain à ses volailles.

Comme ces oiseaux sont robustes, on les élève facilement dans des cages ; ils vivent plusieurs années. Lorsqu'ils sont pris jeunes, ils ont assez de docilité pour obéir à la voix, s'instruire et retenir quelque chose du chant des oiseaux auprès desquels on les met ; naturellement familiers, ils le deviennent encore davantage dans la captivité : cependant ce naturel familier ne les porte pas à vivre ensemble dans l'état de liberté ; ils sont assez solitaires, et c'est peut-être là l'origine de leur nom. Comme ils ne quittent jamais notre climat, et qu'ils sont toujours autour de nos maisons, il est aisé de les observer, et de reconnaître qu'ils vont ordinairement seuls ou par couple ; cependant il y a deux temps de l'année où ils se rassemblent, non pas pour voler en troupe, mais pour se réunir et piailler tous ensemble, l'automne sur les saules, le long des rivières, et le printemps, sur les épines et autres arbres verts; c'est le soir qu'ils s'assemblent, et dans la bonne saison ils passent la nuit sur les arbres ; mais en hiver ils sont souvent seuls, ou avec leurs femelles dans un trou de muraille, ou sous les tuiles de nos toîts ; et ce n'est que quand le froid est violent, qu'on en trouve quelquefois cinq ou six dans le même gîte, où probablement ils ne se mettent ensemble que pour se tenir chauds.

» Ces oiseaux nichent ordinairement sous les tuiles, dans les chéneaux, dans les trous de murailles, et dans les pots qu'on leur offre, et souvent aussi dans les puits et sur les tablettes des fenêtres dont les vitrages sont défendus par des persiennes à claire-voie; néanmoins il y en a quelques-uns qui font leurs nids sur les arbres; l'on m'a rapporté de ces nids de moineaux pris sur de grands noyers et sur des saules très-élevés; qu'ils construisaient avec les mêmes matériaux, c'est-à-dire avec du foin en dehors et de la plume en dedans; mais ce qu'il y a de singulier, c'est qu'ils y ajoutent une espèce de calotte par dessus qui couvre le nid, en sorte que l'eau de la pluie ne peut y pénétrer, et ils laissent une ouverture pour entrer en dessous, tandis que quand ils établissent leurs nids dans des

Merle. — Black-bird. — Mirlo. — Amsel.

Moineau. — Sparrow. — Gorrion. — Sperling.

trous ou dans des lieux couverts, ils se dispensent avec raison de faire cette calotte, qui devient inutile, puisqu'il est à couvert.

» L'instinct se manifeste donc ici par un sentiment
» presque raisonné, et qui suppose au moins la com-
» paraison de deux petites idées. Il se trouve aussi des
» moineaux plus paresseux, qui ne se donnent pas la
» peine de construire un nid, et qui chassent des leurs
» les hirondelles à cul blanc; quelquefois ils battent
» les pigeons, les font sortir de leurs boulins et s'y éta-
» blissent à leur place. Il y a, comme on voit, dans ce
» petit peuple, diversité de mœurs, et par conséquent
» un instinct plus varié, plus perfectionné que dans la
» plupart des autres oiseaux, et cela vient sans doute
» de ce qu'ils fréquentent la société; ils sont à demi
» domestiques, sans être assujettis ni moins indépen-
» dants; ils en tirent tout ce qui leur convient, sans y
» rien mettre du leur, et ils y acquièrent cette finesse,
» cette circonspection, cette perfection d'instinct qui
» se marque par la variété de leurs habitudes, rela-
» tives aux situations, aux temps et aux autres circons-
» tances. »

## Chasse aux moineaux en temps de neige.

Balayez un espace, mettez-y quelques grains, placez au-dessus une table sur des soutiens mobiles qui s'écartent et la laissent tomber à la moindre secousse. Attachez une corde à un de ces soutiens, dont l'extrémité aboutira dans votre maison, et que vous tirerez à volonté pour faire tomber la table sur votre proie.

## LES PERDRIX.

On en connaît de plusieurs espèces : La *Perdrix grise* est la plus répandue, elle est très-féconde et nous procure une excellente nourriture. La *Perdrix rouge* se distingue de la précédente par son bec et ses pattes rouges, et par sa gorge blanche encadrée de noir; elle se tient plus souvent dans les endroits élevés et solitaire. La *Tartarelle*, ou *Perdrix grecque*, ne diffère de la dernière que par une taille un peu plus grande ; ou la trouve dans les montagnes. Elles se nourrissen de grains de toute espèce, de bourgeons de jeunes ar-

brisseaux, d'insectes et surtout de fourmis, dont elles
sont très-friandes. C'est ordinairement dans les sillons
que la *Perdrix grise* dépose ses œufs dans un nid
grossièrement préparé. Aussitôt l'éclosion, les petits suivent leur mère et cherchent avec elle leur nourriture.

La perdrix est d'un bon effet en volière, nous recom-
mandons, aux amateurs, de se procurer des œufs et
de les faire couver par une poule; par ce moyen on
peut avoir en cage une compagnie complète.

## LES PERROQUETS.

A l'agrément de son plumage le perroquet joint le
charme d'une conversation peu variée, il est vrai, mais
souvent amusante par les singuliers coq-à-l'âne auxquels elle donne lieu.

Pour apprendre à parler aux perroquets, il faut, autant que possible, leur donner la leçon le soir : on a
une heure réglée pour cela.

On commence par leur donner à manger; la soupe
au vin est dans ce cas la meilleure nourriture : on couvre leur cage avec un morceau d'étoffe, et on leur répète plusieurs fois la même parole qu'on veut qu'ils
apprennent, ayant soin de tenir la lumière cachée ; on
leur mettra quelquefois un miroir devant eux avec la

lumière, quand on leur parle, afin de leur faire croire que la voix vient d'un de leurs semblables. Les perroquets préfèrent particulièrement la voix des femmes et des enfants, dont ils aiment surtout l'intonation, et en présence desquels ils disent tout ce qu'ils savent. Parmi les perroquets, il s'en trouve qui apprennent plus aisément des paroles rompues, c'est-à-dire des noms d'artisans ou de personnes de la maison ; d'autres, des paroles plus suivies, tel que celui dont parlait Gesner, qui chantait tout le *Credo*.

Rappelons ici le fameux *vert-vert* qui, après avoir été élevé dans un trajet de la Martinique en France par des Sœurs, qui lui avaient appris le *Benedicite* et les *Grâces*, avait fait une autre campagne avec des matelots, dont il avait retenu les jurons ; de telle sorte qu'il mêlait, de la façon du monde la plus curieuse, le langage énergique des marins et les saintes paroles de la pratique religieuse.

On accommode le bec aux perroquets deux ou trois fois par année, pour qu'ils mangent mieux et ne gâtent point leurs cages ; mais, pour le faire, il faut avoir l'habitude de cette opération.

Les perroquets mangent de toute sorte de nourriture, telle que du pain, de la soupe, des châtaignes, des noix, des pommes, des poires, des cerises, du fromage et autre chose semblable ; ils aiment surtout

Perdrix. — Partridge. — Perdiz. — Rebhuhn.

Perroquet. — Parrot. — Papagayo. — Papegeai.

la graine de laitue ; mais le persil et les amandes amè-
res leur sont mortels.

Ces oiseaux boivent très-fréquemment ; on aura donc
soin que leurs abreuvoirs soient toujours pleins d'eau,
et on les maintiendra propres, parce qu'ils sont sujets
à la goutte. Ils vivent de vingt ans à cent, mais ils tombent souvent du mal caduc. Ils ont la propriété de ru-
miner.

Les principales espèces de gros perroquets sont : les
*Aras*, les plus gros de tous ; ils ont la tête, le cou, le
dos et le ventre couleur de feu ; les ailes sont nuancées
de bleu, de rouge et de jaune ; la queue est ordinairement toute rouge et très-longue. L'ara est originaire de
la Guadeloupe ; jeune, il apprend facilement à parler ;
il est d'un caractère facile, doux et caressant ; il s'attache beaucoup à la personne qui prend soin de lui.

Les *Macaos*, très-remarquables par l'harmonie des
couleurs diverses qui composent l'ensemble de leur
plumage.

Les *Kakatoès*, les *Papegays*, originaires du Brésil,
très-rares, très-bons et très-faciles à élever.

Les perroquets de moyenne taille sont :

Les *blancs crêtés* ;

Les *verts*, très-communs le long de la rivière des
Amazones ;

Les *panachés*, très-riches et très-variés en couleurs ;

Les *cendrés*, qui ont généralement la queue rouge et sont réputés très-bavards;

Les *gris-blancs*, dont les plumes sont enrichies de quelques nuances rouges;

Les *écarlates*, originaires des Indes-Orientales;

Les beaux perroquets *de Clusius*, nuancés de bleu, de vert et de blanc;

Les perroquets dits des *Indes-Orientales*, qui se distinguent des autres par une mâchoire supérieure orangée, tandis que l'inférieure est noire;

Les perroquets surnommés *Angolas*, sur la tête, le dos et la poitrine desquels on remarque un beau ton rouge aux reflets d'or brillant;

Les petits perroquets du *Bengale*, qui ont la gorge noire;

Les perroquets du *Brésil*, dont la tête est écarlate, avec une huppe d'un beau bleu au sommet;

Les perroquets des *Barbades*, qui ont le devant de la tête d'un fauve pâle, entouré d'une belle couronne jaune qui s'étend jusque sous la gorge; ils ont la réputation d'être très-doux et d'articuler très-distinctement des mots;

Enfin, les perroquets *couleur de frène*, qui ont la queue d'un beau rouge vermeil.

La classe des petits perroquets se compose : du perroquet *à collier*, qui nous vient des Indes, et se distingue par un collier d'un beau vermillon qui tranche sur le ton vert de son plumage;

Du petit perroquet *tout vert*, le plus communément élevé en France ;

Du petit perroquet *vert*, des Indes-Orientales, qui a le devant de la tête et la gorge d'un rouge écarlate, et le reste du corps vert ;

Du perroquet *rouge et vert*, sur lequel on remarque quelques taches et quelques nuances de bleu ;

Du perroquet *rouge et crêté*, qui a les aîles, la queue, la crête rouges, et le reste du plumage vert ;

Du petit perroquet de *Bontius*, qui a le bas du ventre, la crête, le cou, le dessus de la tête incarnat, et le bout des plumes vert nuancé de bleu.

## PERRUCHES-ARRAS.

Elles appartiennent à l'Amérique ; cette espèce est aussi très commune dans la partie méridionale des États-Unis, où se trouve la *perruche*, dite de la *Caroline*. Ces oiseaux apparaissent par bandes nombreuses à l'époque de la maturité des fruits, qui sont tous de leur goût, excepté les fraises. Leur nourriture se compose encore de graines de cyprès.

La *perruche de la Caroline* a le dessus du corps

vert olive et le dessous d'un vert jaunâtre; sa robe est
relevée par la couleur de la gorge, qui est d'un bel
orange, et par celle de la tête : jaune chez la femelle;
aurore chez le mâle, avec le front rouge-cerise.

La *perruche magellanique* est aussi de cette famille;
ses couleurs sont plus ternes. Le manteau est vert
comme dans la *perruche de la Caroline*; mais les parties inférieures, au lieu d'être jaunâtres, sont brun de
suie.

## PERRUCHE A QUEUE LARGE.

On en connaît de beaucoup d'espèces, dont la plupart
habite l'Archipel des Indes. Elles sont, en général, re-
marquables par des couleurs brillantes et variées, quelquefois uniformes sur tout le corps, comme dans la
*perruche dorée*.

## PERRUCHE A QUEUE A FLÈCHE.

L'espèce la plus commune est la *perruche à collier
rose*, que l'on recherche en France, à cause de l'élé-

Pie. — Magpie. — Urraca. — Elster.

Pinson. — Chaffinch. — Pinzon. — Fink.

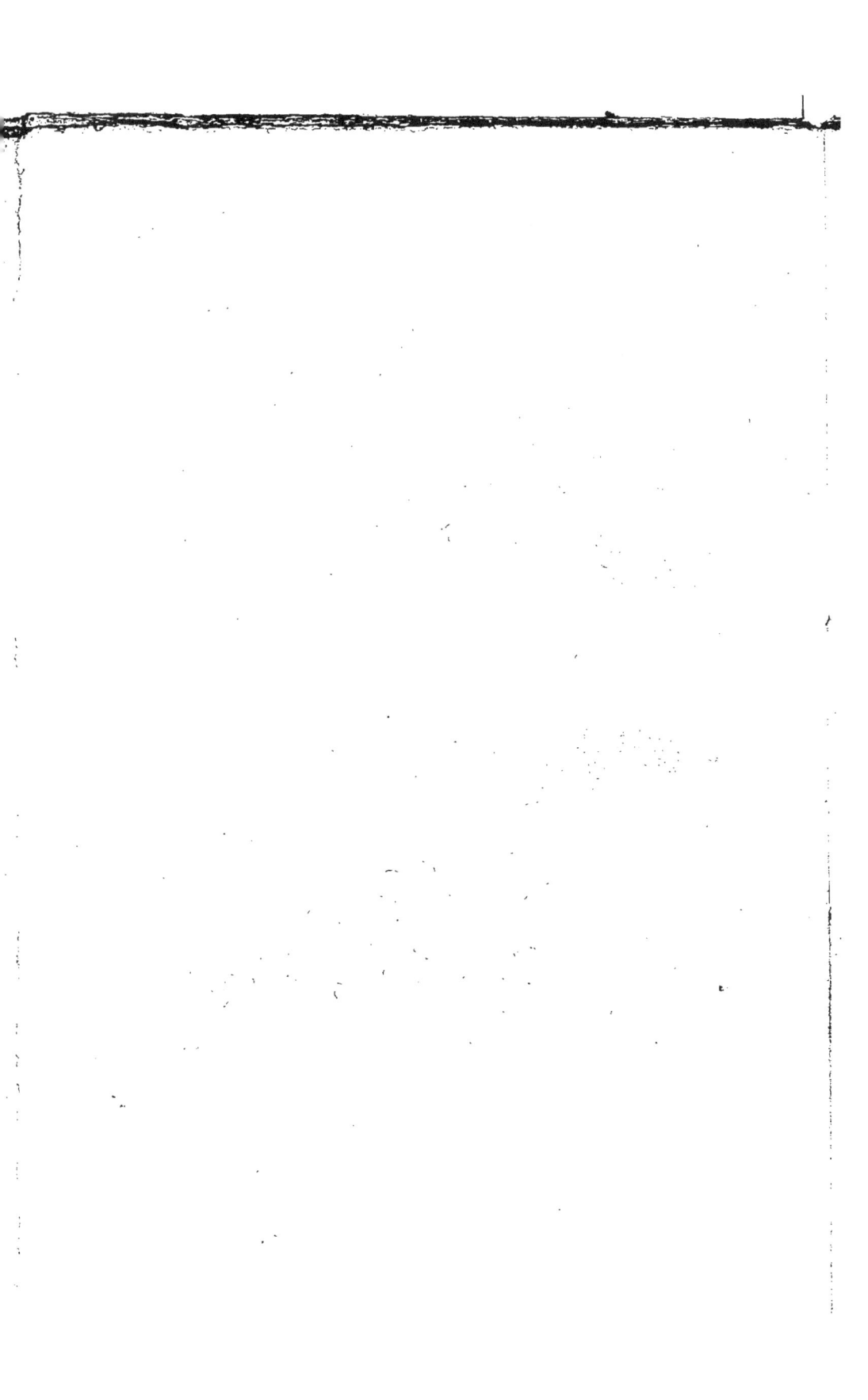

gance de ses formes et de la beauté de sa robe, mais
encore à cause de sa docilité. Il en existe une autre espèce aussi remarquable que la première, c'est la *perruche d'Alexandre*, ainsi nommée parce qu'Alexan-
dre-le-Grand a, le premier, envoyé ces oiseaux en Europe; cette *perruche* a tout le corps d'un beau vert,
avec une tache noire sous la gorge et un collier rouge
sur la nuque.

## LA PIE.

On ne met pas la pie en volière, car elle y
dévorerait ses voisins; mais on l'élève souvent isolée
dans une cage, pour s'amuser à lui apprendre à parler
et à imiter les chants et les cris des autres oiseaux;
car la pie semble être l'oiseau du vol, du plagiat et de
la contrefaçon. Il faut la nourrir de viandes et de
graines, et ne lui donner sa leçon que quand elle est
rassasiée d'aliments.

# LES PINSONS.

Il y a deux espèces de pinsons : le pinson commun et le pinson des montagnes, qui ne vient en France qu'en automne et part à la fin de l'hiver.

Le pinson est un oiseau chanteur de premier ordre ; il imite parfois, d'une façon prodigieuse, le chant du serin et même celui du rossignol ; quoiqu'il ait la voix beaucoup moins étendue, il a souvent des points d'orgue d'un éclat inouï. On dresse facilement le pinson ; on peut même l'habituer à revenir à la cage après de petites promenades libres dans les plaines de l'air. On le nourrit avec du senevé ou de la graine de chardon.

# LE ROITELET.

L'oiseau-mouche de nos contrées ! On peut difficilement se procurer des roitelets pour élever en cage ou dans des volières. Ces animaux sont si petits qu'ils passent dans les mailles de tous les filets ; si on les tire avec de la cendrée, on les hache en morceaux; on peut seulement quelquefois les étourdir avec une charge de sable. On ne peut pas aisément non plus les prendre au nid, car ces oiseaux construisent leurs nids sur les plus hauts sommets des plus grands arbres. On distingue trois espèces de roitelets : le roitelet ordinaire, le roitelet huppé et le roitelet non huppé. Le plus joli de tous est le roitelet huppé ou crêté; son chant est une sorte de cri aigre peu agréable à l'oreille.

Pour élever les roitelets, il faut user à peu près des mêmes moyens qu'on emploie à l'égard des rossignols: la même nourriture leur convient aussi parfaitement.

# LES ROSSIGNOLS.

C'est le virtuose des bois et des jardins; aussi les naturalistes le considèrent-ils comme le roi des oiseaux chanteurs; le rossignol est un peu moins gros que le moineau, et est à peu près de la grosseur de la fauvette; sa tête, son col et son dos sont communément d'un gris-brun tirant sur le roux; sa gorge, sa poitrine et son ventre sont gris-blancs; mais cette couleur est un peu plus foncée à la partie inférieure de la gorge, et très claire sur le ventre; les ailes sont mélangées de gris-

brun et de blanc roussâtre ; la première plume de chaque aîle est fort courte ; il y a douze plumes à sa queue,
nuancées de brun plus ou moins roux, et la longueur de
cette queue n'est que de deux pouces et demi ; son bec
est tout au plus de trois quarts de pouce de long, et fait
une alêne ; chaque pied a trois doigts en avant, et par
derrière un quatrième dont l'ongle est courbé en arc.

On distingue le mâle de la femelle par son plumage,
qui est d'un gris plus cendré.

Le rossignol ne vit point en société de même que les
autres oiseaux ; aussi ne place-t-il jamais son nid dans
le voisinage d'un autre. Il est de sa nature craintif et
sauvage, et ce n'est qu'avec peine qu'on peut l'apprivoiser. Cependant on parvient à le rendre familier ; il
est jaloux de sa femelle, vorace, gourmand ; il cherche
toujours un endroit à l'abri du vent du nord. C'est un
oiseau de passage ; il ne paraît guère avant la mi-avril,
et disparaît généralement à la fin d'octobre.

Quant à sa nourriture, lorsque cet oiseau est en liberté, comme il est naturellement vorace et carnassier,
il se nourrit d'araignées, de cloportes, de mouches,
d'œufs de fourmis, de vers et autres insectes, de figues
et de baies de cournouiller. Il habite ordinairement les
lieux frais et ombragés, tels que bosquets, treilles, baies
vives ; il se garantit même par là du froid, qui lui est
nuisible ; il n'habite que fort rarement sur les arbres
élevés, si on excepte cependant le chêne. Une observa-

tion qu'on a encore faite au sujet de l'habitation du rossignol, c'est qu'il choisit de préférence les endroits où
se trouvent les échos, et que, pour chanter, il se place
communément dans le lieu le plus convenable pour être
entendu par sa femelle pendant qu'elle couve, et pour
pouvoir veiller en même temps sur son nid; mais il ne se
tient pas néanmoins toujours dans la même place, il en
adopte deux ou trois qui lui paraissent les plus avanta-
geuses; il s'y rend constamment pour récréer sa femelle par son chant, et pour faire en même temps sen-
tinelle.

Rien n'est plus facile que de découvrir les nids de
rossignols et d'en enlever les petits pour les élever dans
les appartements: comme le rossignol mâle ne s'éloigne
jamais beaucoup de son nid, il ne s'agit que de se rendre le matin, au lever du soleil, ou le soir, à son cou-
cher, à l'endroit où on l'a entendu chanter tous les
jours précédents; pourvu qu'on se tienne tranquille sans
faire le moindre bruit, les allées et venues du mâle et
de la femelle, et les cris des petits décèleront bien vite
ce que l'on cherche; mais on se gardera bien, si on
veut élever les petits du rossignol, de les tirer hors du
nid, ou du moins de les enlever avec leurs nids avant
qu'ils soient bien couverts de plumes. Après les avoir
ainsi soustraits à leur père et mère, on les mettra avec
le nid ou de la mousse dans un panier de paille ou d'o-
sier muni de son couvercle, qu'on tiendra cependant

5

un peu ouvert pour la communication de l'air, et on ne placera le panier que dans un endroit qui ne soit pas des plus fréquentés. On leur préparera pour nourriture du cœur de mouton ou de veau cru ; on en enlèvera exactement les peaux, les nerfs et la graisse, et on le hachera fort menu ; on en formera des boulettes de la grosseur d'une plume à écrire, et on donnera aux petits rossignols deux ou trois de ces boulettes, huit ou dix fois par jour, et un peu de coton trempé dans l'eau pour les désaltérer. On pourrait aussi leur donner pour nourriture une préparation faite avec de la mie de pain, du chènevis broyé et du bœuf bouilli et haché avec un peu de persil.

On continuera de mettre les petits dans un panier ouvert, jusqu'à ce qu'ils commencent à se bien soutenir sur leurs jambes ; on les mettra alors dans une cage dont on garnira le fond de mousse nouvelle ; dès qu'ils pourront prendre la nourriture au bout du doigt, et dès qu'on s'apercevra qu'ils peuvent manger seuls, on attachera à leur cage un morceau de cœur de bœuf préparé de la façon prescrite ci-dessus. On mettra ensuite dans la cage une auge pleine d'eau, et on renouvellera cette eau une ou deux fois par jour, surtout pendant les grandes chaleurs de l'été ; on renouvellera aussi leurs aliments solides, qui pourraient très-bien se corrompre en peu de temps dans cette saison. Quand les petits mangeront seuls, on mettra leur nourriture dans

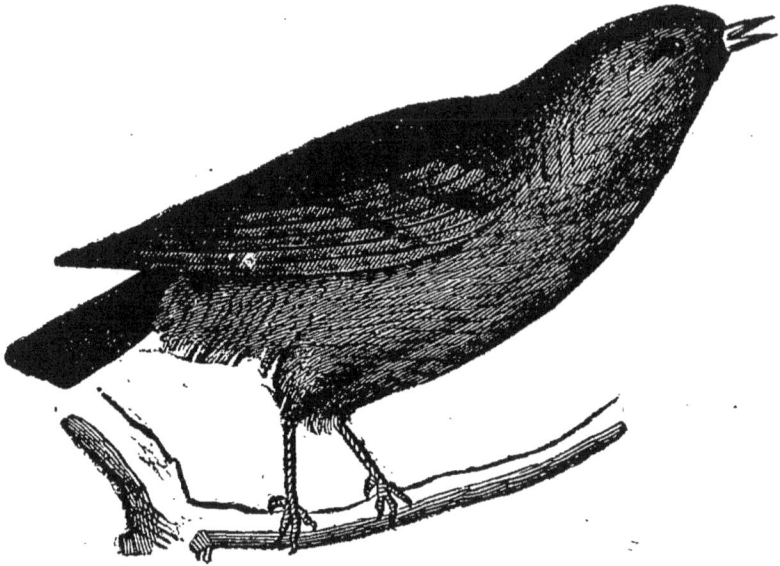

Rossignol. — Nighstingale. — Ruiseñor. — Nachtigal.

Rouge-gorge. — Robin-red-breast. — Pitirojo. — Rothhals.

les augets de la cage ; on en garnira le fond d'une petite pierre carrée, pour que cette nourriture puisse s'y
conserver sans se gâter ; on placera la pâte d'un côté et
le cœur de l'autre.

On connaît le mâle de la nichée aux signes suivants :
dès qu'il a mangé, il se perche et essaie de former des
sons, du moins on peut en juger par le mouvement de
sa gorge. Il se tient assez longtemps ferme sur un seul
pied, et quelquefois il voltige tout autour de sa cage
avec une ardeur inquiète et une espèce de fureur.

Lorsqu'on veut apprendre à un jeune rossignol mâle
des airs sifflés ou de flageolet, dès qu'il peut manger
seul on le met dans une cage couverte de serge verte ;
on le place dans une chambre éloignée non-seulement
de tout oiseau étranger, mais encore des autres rossignols, pour qu'il ne puisse entendre aucun ramage ; on
mettra la cage les huit premiers jours à côté de la fenêtre ou à la clarté du plus grand jour de la chambre,
après quoi on l'éloignera peu à peu jusqu'au fond de
la chambre, et on l'y laissera tout le temps qu'on sif-
flera le rossignol.

Mais il ne suffit pas encore que le rossignol auque
on veut apprendre des airs soit éloigné de tout autre
oiseau, il faut encore qu il soit tranquille, et qu'il ne
vienne presque personne dans l'endroit où on l'a placé.

Quant aux temps et aux heures qu'il faut observer
pour le siffler, voici l'usage le plus communément reçu :

ce n'est pas à force de leçons qu'on parvient à lui apprendre à siffler plus vite, une demi-douzaine de leçons par jour suffit, deux le matin en se levant, deux autres dans le milieu de la journée, et autant le soir en se couchant ; les leçons du matin et du soir seront plus longues, l'oiseau est moins dissipé, et il retient plus aisément ; à chaque leçon, on répète au moins dix fois l'air qu'on lui enseigne, mais il faut avoir attention de lui siffler ou jouer le même air tout de suite, sans lui répéter deux fois le commencement ou la fin. On ne lui en apprendra que deux au plus.

L'instrument dont on se servira pour les instruire doit être plus moelleux et plus bas que celui du petit flageolet ordinaire ou des serinettes propres à siffler les serins de Canarie ou autres petits oiseaux. On se servira donc, à la place de ceux-ci, d'un gros flageolet fait en flûte à bec ; son ton grave et plein convient mieux au gosier du rossignol.

Il faut profiter du jeune âge du rossignol pour l'instruire, autrement on court risque de perdre son temps et ses peines ; mais il ne faut pas s'attendre que cet oiseau puisse répéter une partie des leçons qu'on lui a données, même après la mue ; il s'en est trouvé qui ne l'ont fait qu'après l'hiver ; aussi ne faut il pas se rebuter lorsqu'on les siffle, s'ils ne profitent pas tout de suite.

Pline rapporte que les fils de l'empereur Claude

avaient des rossignols qui parlaient très-bien le grec et le latin : tous les jours on les entendait dire quelque chose de nouveau. Pour parvenir à les faire parler, il faut, selon ce naturaliste, les instruire en secret, précisément dans un endroit où ces oiseaux ne puissent entendre d'autres voix que celle de la personne qui leur donne la leçon. Cette personne leur inculque assidûment ce qu'elle veut leur faire entendre : elle les caresse même, à cet effet, en leur donnant quelques friandises.

Mais c'est assez parler de l'éducation des jeunes rossignols; venons actuellement aux vieux. Lorsqu'on a bien remarqué l'endroit où un rossignol a enfin établi sa demeure, rien n'est plus facile que de l'attraper. Le vrai temps pour cette espèce de chasse est depuis le commencement d'avril jusqu'à la fin ; ceux qui sont déjà accouplés ne chantent presque plus du reste de l'année. Pour ce qui est de l'heure propre à les attraper, c'est au lever du soleil, temps où l'oiseau se trouvant à jeun, est beaucoup plus vorace et plus avide de vers et d'insectes. La veille au soir, on se rend au lieu qu'on a remarqué propre pour tendre le filet le lendemain ; après y avoir un peu remué le terre, on y enfonce une petite baguette longue de 34 centimètres, à l'extrémité supérieure de laquelle on attache quelques vers de farine. Au point du jour le rossignol, en cherchant sa nourriture, aperçoit les vers dont il doit faire sa proie, et il revient sûrement au même endroit : ainsi, dès qu'on trouve tous les vers mangés dans cet endroit on y tend son filet et on est sûr d'y prendre l'oiseau.

Lorsqu'on en est maître, on le tire adroitement du trébuchet, afin de lui conserver son plumage et de ne point lui casser les pattes ; on le transporte chez soi dans une espèce de bourse construite de manière que l'oiseau puisse entrer d'un côté et sortir de l'autre ; on le met ensuite dans une cage qu'on place au dehors d'une fenêtre, et qu'on attache solidement sous un petit auvent à l'exposition du soleil levant.

Cette cage sera construite avec des planches de sapin ou de hêtre, bien saines et bien sèches, en forme de caisse carrée, de 45 centimètres de longueur sur 40 de hauteur et 30 de profondeur. Le devant en est fermé par une grille de fer ou de bois ; on recouvre dans les premiers jours cette cage avec une serge verte, qu'on arrête par le moyen de petits clous ; la portière en est placée sur le côté et en bas ; elle sera assez grande pour que la main puisse y entrer et sortir aisément, afin de pouvoir donner à manger et à boire à l'oiseau sans l'effaroucher. Au-dessus du pot destiné à mettre la mangeaille ou la pâtée, on pratiquera au haut de la cage un petit trou pour pouvoir y mettre un entonnoir de fer-blanc, au moyen duquel on pourra jeter au rossignol les vers de farine. C'est donc dans une cage obscure qu'on tiendra le rossignol nouvellement pris

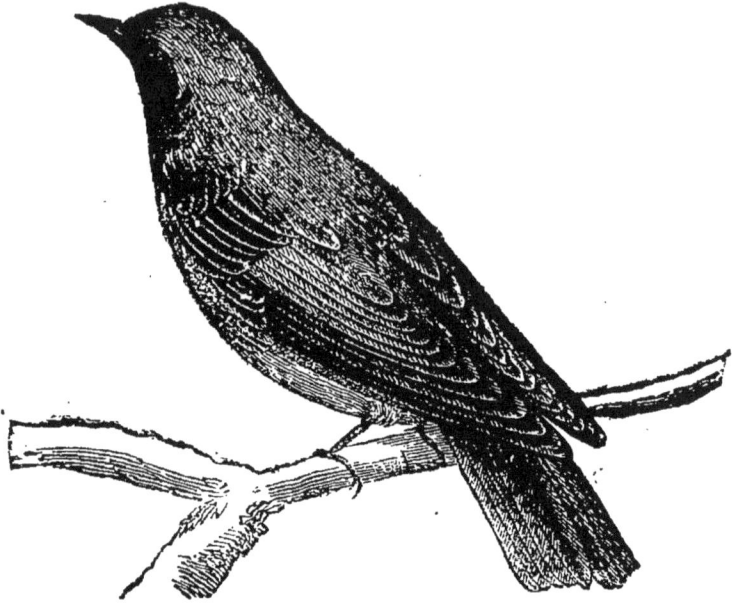

Rouge-queue. — Red-tail. — Colirojo. — Staar.

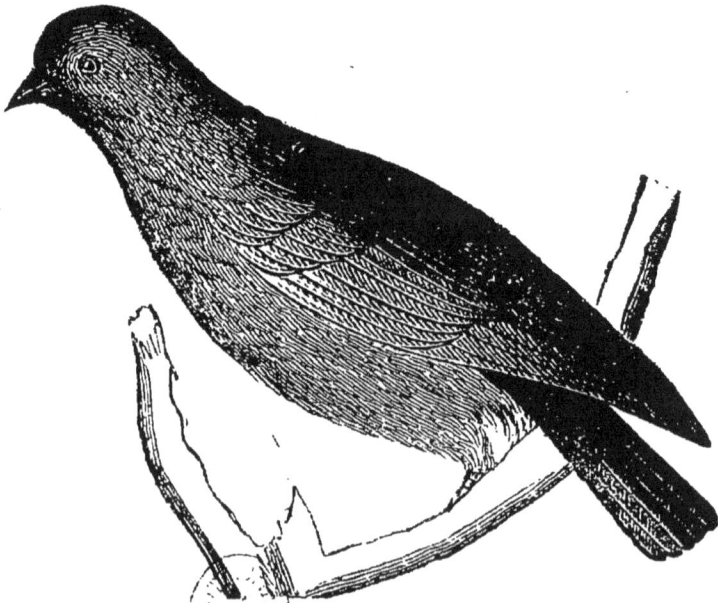

Sansonnet ou Étourneau. — Starling. — Estornnio. — Rothschwanz.

et pendant tout le temps qu'il a coutume de chanter; mais quand on sera au mois de juillet, on l'habituera peu à peu au grand jour, en levant insensiblement la serge qui ferme le devant de la cage.

Le rossignol entre en mue pour l'ordinaire en juillet et août; après cette mue, c'est-à-dire sur la fin de septembre, on le placera dans un poêle bien aéré pour y passer l'hiver, temps des plus critiques pour le rossignol, qui périt ordinairement dans notre climat pendant cette triste saison. Les Allemands, par le moyen de leurs poêles chauds, parviennent à conserver les rossignols pendant quinze à seize ans; ils ont le plaisir de les entendre chanter dès le commencement de décembre, et ces oiseaux y continuent presque toujours leur chant mélodieux jusqu'en juin, juillet et août; mais on a soin dans ce pays de ne les point changer de place, ou le moins qu'il est possible. Pendant l'été, saison dans laquelle les œufs et les vers de fourmis sont très-communs, on peut en donner quelques-uns au rossignol; on le rend par-là plus robuste; on fera même très-bien d'en faire sécher pendant l'été, pour lui en donner en hiver.

Une nourriture, à laquelle on peut très-bien habituer les rossignols, est une pâte préparée avec une livre de rouelle de bœuf, quatre onces de pois de jardin ordinaires, pareille quantité de millet jaune, autant de semence de pavots blancs ou noirs, ainsi que d'amandes

douces, une once de farine de froment, une demi-livre
de miel blanc, et du beurre frais de la grosseur d'un
œuf de pigeon ; on fait pulvériser ensemble les pois, le
millet et la semence de pavot, et on les tamise bien ; on
hache encore très-menue la rouelle de bœuf, ou bien
on la pile dans un mortier de marbre ou de pierre,
après en avoir auparavant ôté les graisses et les membranes ; on réduit aussi en pâte les amandes douces
après les avoir dépouillées de leurs écorces ; et, pour
les empêcher de s'huiler pendant qu'on les pile, on y
verse de temps en temps quelques gouttes d'eau ; on
mêle ensuite le tout, excepté le beurre, qui servira à
graisser le poêlon de terre qui doit servir à la cuisson
de cette pâte ; on ajoute à tout cela six jaunes d'œufs
frais ; on met le tout sur un petit feu, ayant bien soin
de remuer sans discontinuer. Quand ce mélange est
cuit, ce dont on s'aperçoit lorsque la viande n'a plus
d'humidité, qu'elle est bien desséchée et que le tout
peut se réduire en poudre, on l'ôte de dessus le feu, et,
après l'avoir fait refroidir, on la garde dans un pot de
terre ou de faïence bien bouché. Avec un tiers de cette
pâte en poudre, autant de viande bouillie et pareille
quantité de mie de pain, on en fait une autre pâte que
l'on rend liquide en y ajoutant de l'eau ; au moyen de
cette nourriture, dont les rossignols sont fort friands,
on les déshabitue insensiblement de boire de l'eau ;
pendant l'été, on pourra ajouter à cette pâte un hui-

tième d'œufs de fourmis, les rossignols en chanteront beaucoup mieux; on leur renouvellera journellement cette nourriture, et on nettoiera très-proprement leur mangeoire.

Avec une pareille nourriture, ou avec des vers de farine, on pourra habituer parfaitement toutes sortes d'oiseaux de la famille des métacilles de Linnée, telles que les fauvettes, les longues-queues, les rouges-gorges, même les roitelets, les allouettes des bois, les gorges bleues, et les bergeronnettes; mais il faut à ces oiseaux des cages pareilles à celles des rossignols, et les placer pendant l'hiver dans des appartements bien chauds et bien aérés. M. Villemette dit en avoir lui-même fait l'expérience; il ajoute que les curieux pourront avec cette même nourriture composée, élever à la brochette, non-seulement tous les petits oiseaux des espèces dont nous venons de parler, mais encore les différentes espèces de hoche-queue, de cul-blanc, de gobe-mouches et de traquet, enfin tous les oiseaux qui vivent d'insectes.

Une autre nourriture plus aisée à préparer pour ces différents oiseaux, et qui n'est pas moins bonne, est une pâte faite simplement avec deux tiers de cœur de bœuf, dont on aura ôté les membranes et les graisses, et un tiers de farine de semence de pavots noirs ou blancs, n'importe; on alliera ces deux substances avec un peu d'eau, et on en fera une pâte, qu'il faudra renouveler tous les jours, en ayant grand soin de nettoyer chaque jour la mangeoire où est cette nourriture.

On ne donnera plus d'eau aux rossignols lorsqu'on les aura habitués à cette pâte; elle est surtout excellente pour les jeunes rossignols qu'on élève à la brochette; mais il faut observer très-exactement de ne leur donner jamais d'eau; lorsqu'on voudra les régaler de vers de farine, on coupera auparavant la tête de ces vers. On ne leur en donnera qu'un ou deux par jour, parce que ces vers les échauffent trop.

On peut encore nourrir un rossignol en cage, tant en hiver qu'en été, avec une pâte composée de six onces de pois chiches, six onces d'amandes douces, quatre onces de beurre frais, trois jaunes d'œufs, trois onces de miel et un gros de safran.

En Gascogne, on engraisse les rossignols pour en faire un mets exquis; lorsque cet oiseau est gras, il a la chair blanche, tendre et aussi agréable à manger que celle de l'ortolan; ses vertus et ses propriétés sont les mêmes que celles du becfigue.

Serin. — Canarryd i. — Canario. — Canarienvogl.

Verdier. — Verderer. — Verderon. — Grünfink.

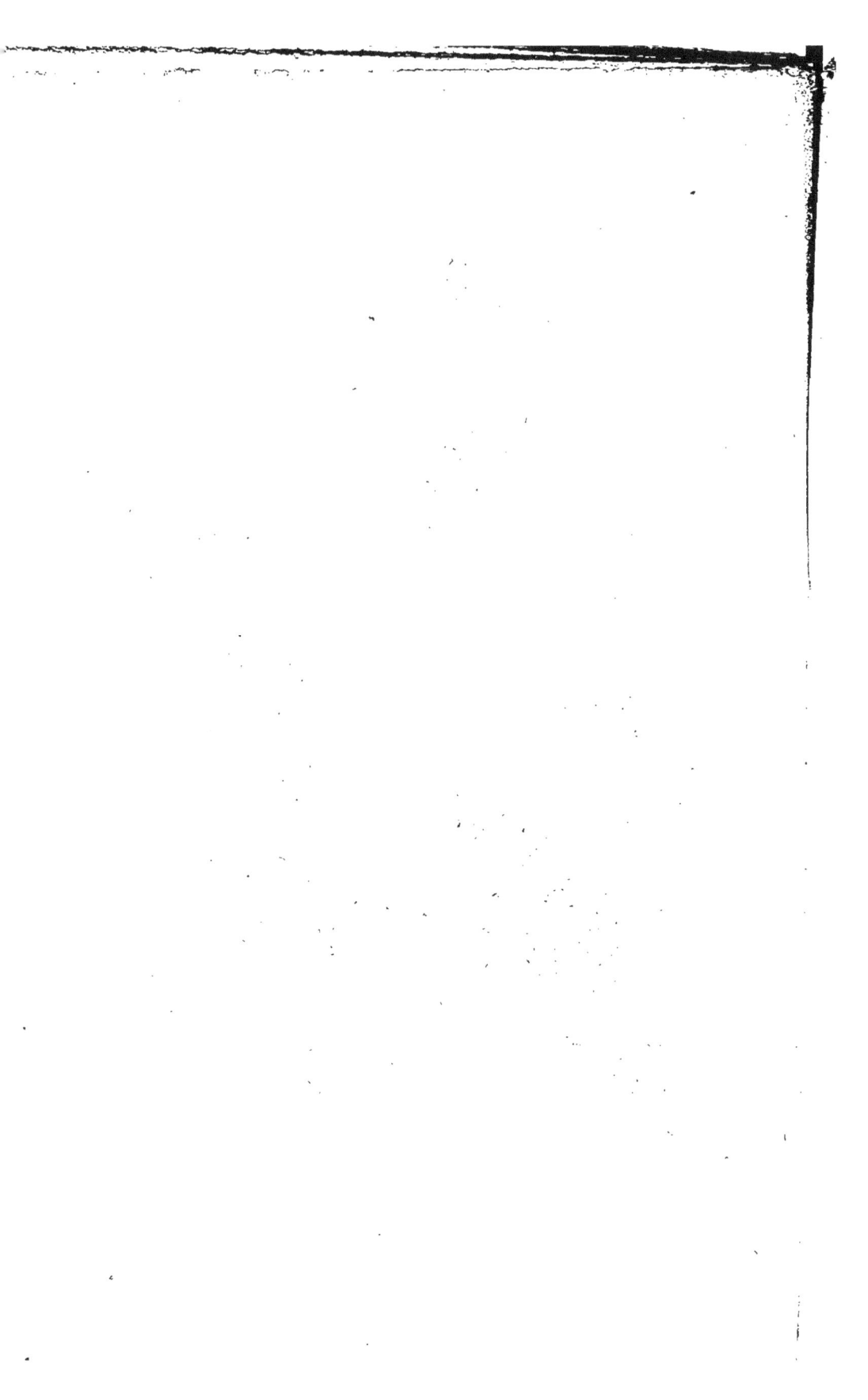

# ROUGE-GORGE.

Le chant harmonieux et la vivacité de ce petit oiseau le font rechercher. D'abord son plumage est sans charme; ce n'est qu'après sa première mue que paraissent ces jolies nuances d'un reflet si agréable. La femelle est un peu plus petite que le mâle, et ses teintes rouges plus pâles.

On prend cet oiseau en automne, avec des filets garnis de graines de sureau dont ils sont très friands. Les premiers jours de leur captivité, il faut leur donner des vers pour nourriture; peu après ils s'habituent aux graines et aux fruits; la cage du rossignol peut leur servir. La baignoire est de première nécessité, le rouge-gorge aimant à se baigner.

Cet oiseau s'apprivoise; il s'habitue à manger dans la main, et se soumet au commandement.

6

# ROUGE-QUEUE.

Oiseau de passage qui habite les forêts. Le devant et les deux côtés du cou, jusqu'au-dessus des yeux, sont noirs ; le dessus de la tête, le derrière du cou et le dessus du corps sont gris-bleu foncé; la sous-gorge, les deux côtés de l'extrémité du corps sont d'un beau rouge-orangé qui se prolonge sur toutes les plumes de la queue, et se mélangent à celles du milieu, qui sont brunes; le front et le sommet de la tête sont blancs; les yeux, le bec et les pattes, noires.

Le rouge-queue fait son nid dans les vieux murs; en liberté, il se nourrit d'insectes et de grains. Quand on a pris des petits, on commence par les nourrir avec des œufs de fourmis et du pain trempé dans l'eau, et ensuite on les met au régime des *rossignols.*

# SANSONNET OU ETOURNEAU.

Oiseau docile et fin : il apprend facilement des airs et accentue des paroles. En cela il est supérieur au *bouvreuil*; malheureusement il oublie aussi vite ce qu'il apprend. Il est enclin à mêler un air à un autre. Pour bien le dresser, il faut l'isoler des autres oiseaux. — Le bleu, le jaune, le pourpre et le vert se marient agréablement dans son plumage.

L'étourneau fait son nid dans le creux des arbres et des rochers.

Quand on prend les petits au nid, on les nourrit de pain trempé dans du lait, et plus tard, de viande, de pain dur, de fromage, de vers, en évitant que cette nourriture ne s'aigrisse pas.

L'étourneau aime le bain; sa cage doit avoir environ 70 centimètres de longueur; et 50 de hauteur et de largeur, car cet oiseau aime l'espace.

## LES SERINS DE CANARIE.

On ne compte pas moins de vingt-neuf variétés de serins dont les noms diffèrent suivant les couleurs.

1° Le serin gris commun; — 2° le serin gris au duvet et aux pattes blanches, auquel on donne le nom de race de panachés; — 3° le serin gris à queue blanche, race de panachés; — 4° le serin blond commun; —

5° le serin blond aux yeux rouges; — 6° le serin blond-doré; — 7° le serin blond aux duvets, race de panachés; — 8° le serin blond à queue blanche, race de panachés; — 9° le serin jaune commun; — 10° le serin jaune aux duvets, race de panachés; — 11° le serin jaune à queue blanche, race de panachés; — 12° le serin agathe-commun; — 13° le serin agathe aux yeux rouges; — 14° le serin agathe à queue blanche, race de panachés; — 15° le serin agathe aux duvets, race de panachés; — 16° le serin isabelle commun; — 17° le serin isabelle aux yeux rouges; — 18° le serin isabelle doré; — 19° le serin isabelle aux duvets, race de panachés; — 20° le serin blanc aux yeux rouges; — 21° le serin panaché commun; — 22° le serin panaché aux yeux rouges; — 23° le serin panaché de blond; — 24° le serin panaché de blond, aux yeux rouges; — 25° le serin panaché de noir; — 26° le serin panaché de noir-jonquille, aux yeux rouges; — 27° le serin panaché de noir-jonquille, et régulier; — 28° le serin plein, qui est plus rare; — 29° enfin, le serin à huppe.

Le serin l'emporte sur tous les oiseaux par la douceur et la mélodie de son gazouillement, par la beauté et la richesse de son plumage, par la douceur de son caractère, par la facilité avec laquelle il se laisse apprivoiser et apprendre à chanter et à siffler. Le serin pond cinq à six œufs d'une couvée; c'est la femelle qui

est chargée de la couvaison, et, quand le mâle est bon
il a soin de lui porter à manger, ce qui n'arrive pas
toujours. Faute des bons procédés de son mâle, la femelle est obligée de quitter son nid de temps à autre,
pour prendre de la nourriture. Dans tous les pays de
l'Europe, on élève des serins; on les fait non-seulement couver ensemble dans des volières, mais on les
accouple encore avec d'autres oiseaux d'un genre ana-
logue, et on en obtient une espèce bâtarde qu'on
nomme mulet. Les mulets ont pour l'ordinaire, la tête
et la queue semblables à celle du père, mais ils sont
tous inférieurs, comme provenant de genres différents. On les apparie pour l'ordinaire avec le bruant,
le pinson, la linotte, et spécialement, le chardonneret.

On rencontre chez les faiseurs de vergettes un chiendent qui leur est tout-à-fait propre pour la préparation de leurs nids; à cet effet, on prend le plus
délié, on le secoue bien pour en faire sortir la poussière, et quand on veut encore mieux faire, on le lave
et on le fait sécher au soleil, après quoi on le coupe et
on l'éparpille dans la cabane : ce chiendent peut suffire
seul pour faire le nid. On donne aux serins, pour poser
leurs nids, des petits paniers d'osier, des espèces de
sabots et des petits vaisseaux de terre; les petits paniers sont préférables. On ne leur présente d'abord
qu'un panier à la fois, pour que ces oiseaux ne s'avi-
sent pas de porter tantôt dans un panier, tantôt dans

un autre. Douze jours après que les petits seront éclos, on pourra leur en donner un second, qu'on placera de l'autre côté; on les verra alors s'empresser de recommencer un second nid, quoiqu'ils nourrissent encore leurs petits.

Quand les serins sont accouplés et mis en cabane, on leur donne, en outre des graines ordinaires, un petit morceau d'échaudé ou de biscuit dur, surtout lorsqu'on s'aperçoit que la femelle est prête à pondre ; on leur donnera encore pendant les huit jours qu'ils sont en cabane, beaucoup de laitue : cela les purge. Le temps le plus difficile pour gouverner les serins, c'est lorsqu'ils sont petits. La veille que les petits doivent éclore, qui est le treizième jour depuis que la femelle couve, on change le sable fin et tamisé, qu'on a eu la précaution de mettre dans leurs cabanes, dès l'instant même où on les y a fait entrer; on nettoie tous les bâtons; on remplit l'auget de graine après avoir ôté celle qui y était ; on leur met aussi de l'eau fraîche dans leur plomb bien net, afin de ne les point tourmenter pendant les premiers jours qui suivent la naissance des petits; on leur donne aussi une moitié d'échaudé, après avoir ôté la croûte de dessus et un petit biscuit, qui seront l'un et l'autre bien durs, parce que si l'un et l'autre étaient tendres; ces oiseaux en mangeraient beaucoup, et buvant ensuite par dessus, ils étoufferaient. Tant que cet échaudé et ce biscuit dureront,

concerne la nourriture suivante, on fera bien de leur
renouveler deux ou trois fois par jour pendant les grandes chaleurs : cette nourriture consiste uniquement
dans un quartier d'œuf dur, blanc et jaune, haché fort
menu, et dans un morceau d'échaudé trempé dans
l'eau; on presse le tout dans sa main, et on le pose
dans une petite sucrière. On met dans une autre de la
graine ordinaire, qu'on aura trempée environ deux
heures auparavant; on en jette l'eau, et un bouillon;
faire encore, on donnera à cette eau fraîche, pour lui
on la rincera ensuite dans son âcreté. On leur donnera en
ôter toute sa force verdure, mais en petite quantité, telle que
outre de la verdure, mais en petite quantité, telle que
du mouron, du seneçon, et à défaut de ces plantes, un
cœur de laitue pommée, un peu de chicorée et un peu
de plantain bien mûr. On leur présentera de la nouvelle nourriture trois fois par jour, le matin à cinq ou
six heures, à midi et vers les cinq heures du soir, et
on leur ôtera l'ancienne, de peur qu'elle ne soit aigrie.
On peut aussi leur donner de la graine d'œillet ou de
pavot, de laitue et d'argentine, qu'on mêlera bien ensemble dans un petit pot : la verdure ne se donnera
qu'avec beaucoup de précaution; on fera très-bien de
mettre un petit morceau de réglisse dans leur boisson;
cela est préférable au sucre. Pendant les grandes chaleurs, on n'oubliera pas de leur donner de l'eau fraî-
on ne leur en donnera point d'autre. Mais pour ce qui

che dans une petite cuvette, pour se baigner; cela leur
est très-salutaire.

Souvent on est obligé de nourrir les petits serins à
la brochette, soit à cause de la maladie de la femelle,
soit pour d'autres raisons; surtout quand on veut leur
apprendre des airs de serinette ou de flageolet. Si c'est
pour leur apprendre des airs, il faut qu'ils soient assez
ᵒˢ pour les ôter de dessous la mère, sans néanmoins
qu'ils ᵒᵉ ᵉⁿᵗ trop : on ne les sèvrera donc de leur
mère, quand ils ᵒⁿᵗ d'une race délicate, qu'au quator-
zième jour, et au douzième ᵒᵘʳ, s'ils sont robustes.
On leur préparera pour nourriture ᵘⁿᵉ pâte ainsi composée :

On prend un morceau d'échaudé, dont la croûte est
ôtée, à cause de son amertume; on y ajoute un très-
petit morceau de biscuit : ils doivent être l'un et l'autre
très-durs; on les réduit en poudre; on y met ensuite
une moitié ou plus, s'il est besoin, de jaune d'œuf que
l'on détrempe avec un peu d'eau, le tout bien délayé,
en sorte qu'il ne s'y trouve aucun grumeau. On aura
soin que la pâte ne soit pas trop liquide; quand l'œuf
dur est frais, le blanc peut aussi bien se délayer que le
jaune.

Après que les trois premiers jours sont écoulés, on
ajoute à ce composé une pincée de navette bouillie,
sans être écrasée; mais on aura l'attention de la laver
dans de l'eau fraîche, après qu'elle aura subi un bouil-

lon ou deux. On leur donnera aussi de temps en temps
une amande douce pelée et bien pilée, qu'on confondra
avec leur pâte ; quelquefois aussi, lorsqu'on s'aperçoit
que les petits sont échauffés, on leur mettra une petite
pincée de graine de mouron, la plus mûre que l'on
puisse trouver. On fera ce composé deux fois par jour
dans les grandes chaleurs, de peur qu'il ne s'aigrisse.
Si les petits serins deviennent malades, pendant qu'on
les élève ainsi, on prendra une poignée de chènevis,
on le lavera dans de l'eau de fontaine, et après l'avoir
écrasé avec un pilon de bois dans une seconde eau, on
l'exprimera fortement dans un linge blanc, et on se
servira de cette eau, qu'on appelle lait de chènevis,
pour dulcifier le composé ci-dessus indiqué. On peut jeter aussi de temps en temps aux serins de la mie de pain
dans leurs volières, pourvu qu'elle ne soit pas tendre.

Mais ce n'est pas assez de savoir faire la pâtée aux
serins, il faut encore savoir leur refuser et leur donner
la nourriture à propos. Voici donc les règles qu'on
suivra : on leur donnera pour la première fois, à six
heures et demie du matin au plus tard ; pour la seconde
fois, à huit heures ; la troisième, à neuf heures et demie ; la quatrième, à onze heures ; la cinquième, à midi
et demi ; la sixième, à deux heures ; la septième, à trois
heures et demie ; la huitième, à cinq heures ; la neuvième, à six heures et demie ; la dixième, à huit heures ;
la onzième et dernière fois, à huit heures trois quarts.

On leur donne cette becquée avec une petite brochette de bois bien unie et mince par le bout; il faut qu'elle soit de la largeur du petit doigt : les plumes taillées exprès ne sont pas, à beaucoup près, aussi commodes. On donnera aux petits serins, à chaque fois, quatre ou cinq becquées, en sorte que leur jabot ne soit pas trop bouffi: on risquerait de les étouffer.

A vingt-quatre ou vingt-cinq jours, on cessera de leur donner la becquée, surtout lorsqu'on les verra éplucher assez bien ; pour les jonquilles et agates, on continuera de le faire jusqu'à trente jours; on les met, quand ils commencent à manger seuls, dans une cage sans bâton; on aura un peu de petit foin ou mousse bien sèche au bas de la cage, et on leur donnera pour nourriture, pendant le premier mois qu'ils mangent seuls, du chènevis écrasé, du jaune d'œuf dur, de l'échaudé ou biscuit sec ou rapé, un peu de mouron bien mûr, et de l'eau dans laquelle il y ait un peu de réglisse. On placera tout cela au milieu de la cage; on mettra aussi de la navette sèche dans leur mangeaille. Le serin mâle se distingue de la femelle, non-seulement la vivacité de ses couleurs et par la grosseur de sa tête, mais surtout par la hauteur des pattes et l'éclat de son chant, qu'il fait entendre énergique et puissant aussitôt après sa première mue.

Le serin vieux a la couleur bien plus foncée et plus vive dans son espèce que le jeune ; ses pattes sont rudes et tirant sur le noir, surtout s'il est gris ; d'ailleurs il a les ergots plus gros et plus longs que les jeunes. Les serins vieux, après avoir passé deux mues, sont aussi plus forts, plus vigoureux et en meilleure chair que les jeunes ; leur chant est aussi plus fort et dure plus longtemps.

Lorsqu'on veut instruire un serin au flageolet, on le met dans une cage séparée, huit ou quinze jours après qu'il mange seul ; si quinze jours après il commence à gazouiller, ce qui prouve qu'il est un mâle, on le met dans une cage couverte d'une toile fort claire, pendant les premiers huit jours, et on le place dans une chambre éloignée de tout autre oiseau, de sorte qu'il ne puisse entendre aucun ramage ; après quoi on joue d'un petit flageolet dont les tons ne soient pas trop élevés. Ces quinze jours écoulés, on change cette toile claire pour y substituer une serge verte ou rouge, bien épaisse, et on laisse l'oiseau toujours dans cette situation, jusqu'à ce qu'il sache parfaitement son air. Lorsqu'on lui donne de la nourriture, dont il doit avoir nne provision au moins pour deux jours, il ne faut la lui donner que le soir, et non pendant le jour, pour qu'il ne se dissipe pas, et qu'il apprenne plus vite ce qu'on lui enseigne. A l'égard des airs, on ne leur apprendra qu'un beau prélude, avec un air choisi seulement, car ils peuvent oublier facilement un trop grand nombre d'airs ou des airs trop longs ; à défaut de flageôlets, on se sert de serinettes pour les instruire. Ces oiseaux n'apprennent pas tous aussi aisément : les uns se déclarent au bout de deux mois, et à d'autres il en faut six ; cela dépend des différents tempéraments et inclinations de ces oiseaux.

## LE VERDIER.

Petit oiseau à gros bec du genre des moineaux. Le verdier commun, ou le *chloris* d'Aristote, est d'une couleur verte qui tire sur le jaune : il a la gorge jaune, le ventre pâle, le devant de la tête jaune avec une ligne noire de chaque côté ; le dos ressemble à celui de la linotte ; le plumage du croupion est fauve ; les ailes ressemblent à celles de l'alouette huppée, dont il a la grosseur, les deux plumes des bords de la queue sont blanches. Le *verdier* de haie est un peu plus petit que le précédent et moins jaune, excepté sous le ventre, mais ses mœurs sont les mêmes.

# MALADIES DES OISEAUX.

Les oiseaux sont sujets à plusieurs maladies :

1° Ils ont souvent des abcès à la tête : vous prenez pour lors un fer de la grosseur de l'œil de l'oiseau, ou un peu moins ; vous le faites rougir au feu pour en toucher l'endroit affecté ; l'abcès se dessèche, par ce moyen, bien vite, s'il est aqueux, et ne se conserve pas moins s'il est plâtreux ; lorsque la cautérisation est faite, vous l'oignez avec du savon noir fondu, ou avec de l'huile mêlée avec de la cendre chaude ; ces sortes d'abcès ou furoncules viennent, pour l'ordinaire, aux petits oiseaux qui ont une complexion chaude. Quand l'abcès commence à paraître, il n'est pas plus gros qu'un grain de chènevis ; mais dans la suite il devient souvent aussi gros qu'un pois chiche ; c'est pour cette raison que plusieurs personnes le regardent comme un mal de grande conséquence ; aussi sont-elles dans l'usage de purger les oiseaux avant d'y mettre le feu, avec le suc de bette mis dans leur abreuvoir au lieu d'eau. Ce traitement est rapporté par Olina, mais il est un peu violent, il tient du traitement des maréchaux.

2° Les oiseaux sont sujets à avoir mal aux yeux ; il leur survient dans cette partie de petits boutons ; dans ce cas, vous leur donnez, de même que dans la maladie précédente, le suc de bette pendant quatre jours, mêlé avec un peu de sucre, et vous touchez leurs yeux avec le lait du figuier, ou avec de l'écorce d'orange, ou du verjus, ou bien vous les lavez avec de l'eau dans laquelle vous aurez fait bouillir de l'ellébore blanc, ou simplement avec de l'eau de vigne; quelques-uns se contentent de mettre dans leurs cages de petites branches de figuier coupées, pour que les oiseaux s'y frottent d'eux-mêmes l'œil, par un instinct naturel, et par là ils guérissent.

3° Il vient quelquefois au palais des oiseaux de petits ulcères, qu'on nomme *aphtes* ou *chancres;* pour y apporter remède, vous mettez dans l'abreuvoir de la semence de melon mondée et dissoute dans l'eau pendant trois ou quatre jours; vous leur touchez en même temps, mais légèrement, le palais avec une plume trempée dans du miel rosat, animé d'un peu de soufre.

4° Plusieurs oiseaux ont des attaques du mal caduc, il en périt même plusieurs dès le premier accès, il faut leur couper sur-le-champ le bout des ongles, leur souffler plusieurs fois de bon vin, et ne pas trop les exposer au soleil.

5° Quelquefois les oiseaux s'enrhument et perdent leur chant; vous y remédiez en leur donnant, pendant deux jours, une décoction avec des jujubes, des figues sèches, de la réglisse concassée, de l'eau commune et un peu de sucre ; vous continuez de leur en donner encore pendant deux ou trois autres jours avec du suc de bette ; vous les tiendrez la nuit à l'air, si c'est l'été, mais vous aurez soin de les garantir de la rosée ; dans toute autre saison vous vous en garderez bien.

6° Les oiseaux sont encore exposés à l'asthme et au resserrement de la poitrine : vous vous en apercevez lorsqu'ils ouvrent souvent le bec, qu'ils deviennent enroués, ou, lorsque touchant leur poitrine, vous y sentirez une palpitation extraordinaire ; vous regarderez pour lors autour de la langue si, par hasard, la cause du mal ne serait pas le croisement de quelques petits nerfs, ou quelque autre empêchement provenant de gourmandise, ou de la grosseur du morceau qu'ils auraient pu avaler, comme il arrive souvent aux rossignols, aux becfigues et autres, auxquels on donne à manger du cœur, des vers ; vous le leur ôterez pour lors, et si vous êtes assuré que le mal ne vient pas de cette cause, vous prendrez un peu d'oximel, et avec une plume vous leur en ferez tomber dans le bec deux ou trois gouttes ; vous mêlerez en même temps cet oximel dans l'eau de leur abreuvoir pendant deux ou trois jours, ou bien vous leur ferez fondre dans l'eau de leur abreuvoir du sucre candi.

Il arrive quelquefois que l'asthme et la gêne de la poitrine sont occasionnés aux oiseaux pour avoir mangé de la graine trop récente ou des choses trop

rances : le sucre d'orge trempé dans l'eau de l'abreuvoir, que vous renouvellerez souvent, est un excellent
remède.

7° Les oiseaux tombent, de même que l'homme, en
phthisie, qui se nomme improprement *mal subtil;*
vous reconnaîtrez cette maladie aux symptômes suivants : l'oiseau a le ventre tendu comme s'il avait une
hydropisie, ses veines sont gonflées et apparentes, la
poitrine est maigre et peu charnue ; il mange peu,
quoiqu'il soit continuellement à la mangeoire, et il
jette beaucoup plus de nourriture par terre qu'il n'en
prend ; vous lui donnerez pour lors, pendant deux
jours, le suc de bette, après quoi vous lui présenterez
de la graine de melon pilée avec un peu de sucre dans
de l'eau commune.

8° Les oiseaux sont, pour l'ordinaire, constipés ; vous
y remédierez en leur mettant une plume frottée d'huile
commune dans l'anus deux fois le jour, et vous leur
donnerez en même temps, pendant deux jours, le suc
de bette.

# L'ART D'EMPAILLER LES OISEAUX (1).

## Dépouillement des oiseaux.

Après avoir fendu la peau tout le long de l'os saillant de la poitrine et quelques lignes ou quelques pouces au-delà, suivant la taille de l'oiseau, il faut, en écorchant sur les côtés, découvrir l'articulation des ailes avec l'omoplate, couper avec des ciseaux cette articulation, ou si l'oiseau est trop grand, désarticuler les ailes ras le corps. On coupe ou on désarticule également le cou, puis on renverse la peau sur le dos qu'on écorche avec précaution. Arrivé aux jambes, on écorche une partie des tibias et on les sépare des fémurs. Il faut ensuite pincer la peau du ventre, la ramener doucement vers la queue, qu'on coupe en ménageant les tuyaux des plumes, qu'il faut bien se garder d'atta-

(1) Extrait du *Traité des procédés Gannal*, pour embaumer et empailler les oiseaux, les quadrupèdes, etc. 4e édition, prix 1 fr. Suivi de l'Art de mégir, de parcheminer, de monter les peaux de tous les animaux, de prendre, préparer et conserver les papillons et insectes, revue et augmentée, 1 fr.

7

quer. Pendant toute cette opération, on ne doit pas négliger de jeter fréquemment du plâtre, afin d'absorber toutes les humeurs qui tacheraient les plumes.

Si on avait à dépouiller un oiseau, dont l'attitude est ordinairement verticale, un grèbe, par exemple, au lieu de l'ouvrir par le ventre, on l'écorcherait par le dos ; ce qui ne change en rien le reste de l'opération.

On nettoie ensuite la tête de la même manière que pour les petits mammifères, en ayant soin de ne pas tendre ou allonger la peau du cou et d'opérer le plus promptement possible, afin de ne pas laisser à la peau du cou le temps de se dessécher, car alors on éprouverait quelques difficultés à remettre la tête en place. Si la tête ne pouvait passer par la peau du cou, comme cela arrive pour la plupart des canards, pour les grues, les épeiches, etc., on ferait en dehors une ouverture depuis le milieu du crâne jusqu'à la naissance du cou, et après avoir coupé celui-ci aussi près de l'occiput que possible, on ferait passer la tête par cette ouverture, qu'on recoudrait ensuite proprement.

On passe ensuite aux ailes qu'on débarrasse de leurs muscles, après les avoir écorchées jusqu'à l'articulation de l'humérus avec le radius et le cubitus, qu'on peut ordinairement nettoyer sans aller plus avant ; mais, si l'oiseau était au-dessus de la taille de la pie, il serait prudent d'écorcher jusqu'à l'articulation suivante, en détachant du cubitus les pennes des ailes qui y sont fixées. Cependant, si on avait l'intention de monter l'oiseau les ailes ouvertes, il faudrait bien se garder de détacher les pennes et, dans ce cas, on fendrait la peau en dessous des ailes pour les nettoyer, et on recoudrait sur-le-champ l'ouverture sans serrer la couture, qui pourrait faire relever les plumes de dessus de l'aile. Les jambes s'écorchent jusqu'au talon, c'est-à-dire dans toute la partie ordinairement couverte de plumes. On en ôte toute la chair, en ménageant toujours les os et leurs ligaments. On débarrasse aussi la queue de toutes ses parties charnues et graisseuses, et on la remet en place.

## L'art d'empailler et de monter les peaux des oiseaux.

On commence par bourrer les yeux avec du coton haché, les joues, ainsi que la tête et le cou, avec de l'étoupe coupée ; puis on attache ensemble les ailes, ce qui se fait, pour les petites espèces, avec un fil qui passe entre le radius et le cubitus, et qui se noue à une distance convenable, de façon à laisser les humérus à la place qu'ils occupaient dans l'oiseau. Les ailes des grandes espèces s'attachent au moyen d'un fil de fer aiguisé aux deux bouts, qu'on passe dans la cavité de chaque os du bras dont on a coupé la tête. On fait sortir ce fil de fer par l'autre extrémité de l'os, et on le recourbe à la pointe ; puis on remet les ailes en place ; on bourre le corps à demi, toujours avec de l'étoupe hachée, et on s'occupe de placer les fils de fer au nombre de trois. Le plus court, celui qui sert de traverse, doit être aiguisé aux deux bouts et porter un anneau, qui correspondra au milieu de l'ouverture du corps ; on le fait passer dans le cou, et en le tournant peu à peu, il est ordinairement facile de lui faire percer le crâne, qu'il doit dépasser plus ou moins. Les deux autres fils de fer se passent dans l'intérieur des jambes ; on les fait entrer par la plante du pied et ressortir par le corps, de manière à dépasser les os de la jambe, et, après avoir garni ceux-ci de coton ou d'étoupe, on courbe l'extrémité des fils de fer, on les croise dans l'anneau de la traverse, et en les tordant tous les trois avec des pinces, on les unit. On relève ensuite l'extrémité libre de la traverse, et, en la recourbant peu à peu, on la fait pénétrer dans la queue, qu'elle sert à maintenir.

Il faut ensuite courber les fils de fer des jambes, de manière à imiter la forme et la position des os qui ont été retranchés ; on achève de bourrer ; on coud le ventre ; puis on fixe l'oiseau sur une planche ou sur un juchoir, au moyen des fils de fer des jambes, et on lui fait prendre l'attitude convenable. Il ne reste plus qu'à remettre les plumes en place et à les maintenir pendant la dessication par des bandelettes de linge, fixées avec des épingles. L'oiseau sec, on lui ramolli, les paupières, et on place les yeux artificiels.

Nous avons supposé jusqu'ici que le préparateur opère sur des peaux fraîches, mais s'il doit monter des oiseaux mis en peau depuis longtemps, comme, par exemple, tous ceux qui nous arrivent des pays étrangers, il est indispensable qu'il commence par les ramollir, afin de donner à la peau toute la souplesse nécessaire. Pour y parvenir, il faut débourrer le corps de l'oiseau avec précaution, remplacer ce qu'on a enlevé par de l'étoupe hachée et humide, entourer les pattes de coton ou d'étoupe également humide, et laisser l'oiseau de un à trois jours, au plus, suivant sa taille, dans un vase couvert dont on aura garni le fond de sable fin, bien lavé, mais seulement humide, et recouvert d'un linge épais. On peut ensuite le monter à la manière ordinaire; cependant il est nécessaire, durant l'opération, de garnir l'intérieur de la peau d'une bonne couche de savon arsénical de Bécœur, sans quoi l'oiseau serait promptement attaqué et détruit par les insectes.

On traitera de même toutes les peaux qui n'auraient pas été préservées par les procédés de M. Gannal.

Il arrive ordinairement qu'en montant les peaux

d'oiseaux ou de mammifères, il s'en détache quelques plumes ou quelques poils ; on les conservera avec soin ; et lorsque l'animal sera parfaitement sec, on les collera à leurs places avec précaution, au moyen d'un peu de gomme dissoute dans de l'eau, à laquelle on aura mêlé une petite quantité de farine et de savon arsénical. Si on manquait de plumes ou de poils, on pourrait en prendre sur un mauvais individu de la même espèce, ou, à défaut, on se contenterait de peindre la partie dénudée de la peau de la couleur voulue. Pour cela, on se sert de jaune de chrome, d'ocre, de peinture à l'huile, ou à l'eau.

## Attitudes des oiseaux.

Les *moineaux, bruants, pinsons, chardonnerets, serins, linottes :*

1° Bas sur jambes et perchés.

2° Les talons découverts, et légèrement rapprochés.

3° Les jambes fléchies, rapprochés de la queue.

4° Les ailes couvertes au tiers ou aux deux tiers, et rapprochées du corps.

5° Le dos arrondi.

6° La queue légèrement abaissée, écartée en voûte.

7° La poitrine arrondie.

8° La tête arrondie, posée paisiblement sur le cou, tournée à droite ou à gauche.

Les *lavandières, bergeronnettes, rossignols, fau*-*vettes* :
1° Haut sur jambes, perchés ou non perchés.
2° Les talons découverts, les jambes fléchies, les ailes découvertes et écartées du corps, ou couvertes au tiers, ou pendantes plus bas que la queue ; le corps allongé, le dos arrondi, la queue relevée, écartée en voûte, la poitrine très arrondie dans les bergeron-nettes et lavandières, la tête effilée.

Les *mésanges, grimperaux*, bas ou très-bas sur jambes, perchés ou cramponnés, les talons couverts ou découverts, et écartés ; les jambes fléchies ou très-flé-chies, les ailes couvertes au tiers, ou découvertes, ou écartées du corps ; le corps raccourci, le dos arrondi ; la queue abaissée ou très-abaissée quand on les monte cramponnés ; la poitrine arrondie, la tête tournée à droite ou à gauche.

Les *hirondelles, martinets*, doivent être montés très-bas sur jambes, les talons couverts et écartés, les jambes très-fléchies, rapprochées de la queue, les ailes couvertes au tiers et rapprochées du corps, ou décou-vertes et écartées du corps ; croisées à leurs extrémités ; le corps allongé ou raccourci, le dos aplati, la queue abaissée ou très-abaissée, écartée en voûte, la poitrine arrondie, la tête aplatie au sommet, posée paisiblement sur le cou, et tournée à droite ou à gauche ; les yeux petits, peu saillants.

Les *pigeons*, les *tourterelles*, doivent être montés bas sur jambes, perchés ou non perchés, les talons découverts et légèrement rapprochés du point central du corps ; les ailes découvertes ou couvertes au tiers et rapprochées du corps ; le corps raccourci ou allongé, le dos légèrement fléchi en arrière, la tête arrondie, posée paisiblement sur le cou et tournée à droite ou à gauche ; les yeux petits et peu saillants.

Les *alouettes* doivent être montées bas sur jambes, non perchées, les talons découverts et écartés, les jambes fléchies, rapprochées de la queue, les ailes couvertes au tiers, rapprochées du corps, ou découvertes, écartées du corps, le corps raccourci ou allongé, le dos arrondi, la queue légèrement abaissée en voûte ; la poitrine arrondie ; le cou raccourci, fléchi en arrière ; la tête arrondie, posée paisiblement sur le cou et tournée à droite ou à gauche ; les yeux petits et peu saillants.

Les *étourneaux*, *grives*, *merles*, doivent être montés

bas sur jambes, perchés, les talons découverts et rapprochés, les jambes fléchies, rapprochées de la queue ; les ailes couvertes au tiers et rapprochées du corps. Le corps alongé (dans les étourneaux et les grives ; dans les merles, raccourci, le dos arrondi, la queue légèrement abaissée, écartee en voûte, la poitrine arrondie, le cou raccourci, fléchi en arrière, la tête arrondie, posée paisiblement sur le cou, et tournée à droite ou à gauche ; les yeux assez grands et saillants.

Les *gros-becs, bouvreuils,* doivent être montés bas sur jambes, et perchés.

Les talons découverts et écartés, les jambes fléchies, rapprochées de la queue, les ailes couvertes aux deux tiers, et rapprochées du corps.

Le corps raccourci.

Le dos arrondi.

La queue légèrement abaissée.

La poitrine arrondie.

Le cou raccourci, légèrement fléchi en arrière.

La tête arrondie, posée paisiblement sur le cou, et tournée à droite ou à gauche ; les yeux petits et peu saillants.

Les *perdrix, cailles,* doivent être montées bas sur jambes, et non perchées.

Les jambes légèrement fléchies et rapprochées du point central du corps.

Les ailes couvertes aux deux tiers et rapprochées du corps.

Le corps raccourci.

Le dos arrondi dans la partie antérieure et moyenne, très-arrondi et relevé dans la partie postérieure.

La queue très-abaissée, légèrement écartée.

La poitrine très-arrondie.

Le cou raccourci, droit ou légèrement fléchi en avant.

La tête arrondie, posée paisiblement sur le cou, et tournée à droite ou à gauche; les yeux grands et peu saillants.

Les *faisans* doivent être montés haut sur jambes, perchés ou non perchés.

Les talons découverts et écartés.

Les jambes légèrement fléchies, rapprochées du point central du corps.

Les ailes couvertes aux deux tiers et rapprochées du corps.

Le corps légèrement allongé.

Le dos aplati dans la partie antérieure, légèrement relevé dans la partie moyenne, arrondi dans la partie postérieure.

La queue légèrement abaissée, écartée en voûte.

Le ventre relevé.

La poitrine arrondie.

Le cou raccourci, légèrement fléchi en arrière.

La tête arrondie, posée paisiblement sur le cou et tournée à droite ou à gauche.

La huppe légèrement relevée et entr'ouverte dans le faisan doré ; le manteau qui couvre le cou doit être légèrement étendu et développé.

Les *coqs, poules*, doivent être montés, haut ou bas sur jambes, perchés ou non perchés.

Les talons découverts et écartés, les jambes légèrement fléchies, rapprochées du point central du corps.

Les ailes couvertes au tiers et rapprochées du corps.

Le corps raccourci, dans une position oblique (dans le coq), horizontale dans la poule.

Le dos légèrement aplati dans la partie antérieure, arrondi dans la partie moyenne et postérieure.

La queue très-relevée, comprimée sur les côtés ; les deux *plumes intermédiaires* recourbées en arc de bas en haut, de dedans en dehors, et pendantes à leurs extrémités (dans le coq).

Le ventre légèrement relevé dans les coqs, très-abaissé dans les poules.

La poitrine très-arrondie.

Le cou légèrement raccourci, fléchi en arrière.

La tête arrondie, posée paisiblement sur le cou dans les poules, majestueusement dans les coqs, et tournée à droite ou à gauche; la crête ou la huppe relevée; les yeux assez grands et saillants.

Les *poules d'eau, foulques,* doivent être montées haut sur jambes et non perchées.

Les talons découverts et légèrement rapprochés.

Les jambes légèrement fléchies, rapprochées de la queue.

Les ailes couvertes aux deux tiers et rapprochées du corps.

Le corps allongé dans la poule d'eau, raccourci dans les foulques.

Le dos arrondi.

La queue légèrement abaissée, fermée et non cachée par les extrémités des ailes.

Le ventre légèrement abaissé.

La poitrine arrondie.

Le cou allongé, fléchi en arrière.

La tête arrondie, portée en avant, et tournée à droite ou à gauche.

Les yeux assez grands et saillants.

Les *râles* doivent être montés haut sur jambes et non perchés.

Les talons découverts et légèrement rapprochés.

Les jambes légèrement fléchies, rapprochées de la queue.

Les ailes ouvertes au tiers, rapprochées du corps.

Le corps allongé, dans une position oblique.

Le dos arrondi.

La queue légèrement abaissée, fermée et cachée en partie par les extrémités des ailes.

La poitrine arrondie,

Le cou allongé, légèrement fléchi en arrière.

La tête effilée, portée en avant et tournée à droite ou à gauche.

Les yeux assez grands et saillants.


Les *pluviers* doivent être montés haut sur jambes et non perchés.

Les talons découverts et légèrement rapprochés.

Les jambes légèrement fléchies, rapprochées du point central du corps.

Les ailes découvertes et légèrement écartées du corps.

Le corps raccourci.

Le dos arrondi.

La queue légèrement abaissée et fermée, non cachée par l'extrémité des ailes.

La poitrine très-arrondie.

Le cou raccourci, fléchi en arrière.

La tête très-arrondie, portée en avant et tournée à droite ou à gauche.

Les yeux très-grands et saillants.

Les *courlis* doivent être montés très-haut sur jambes, et non perchés; les talons très-découverts et légèrement rapprochés du corps; les jambes légèrement fléchies, rapprochées de la queue; les ailes découvertes et écartées du corps, le corps légèrement allongé, dans une position oblique, le dos arrondi; la queue légèrement abaissée, fermée et cachée en partie par les extrémités des ailes; la poitrine très-arrondie; le cou allongé, fléchi en avant, dans les parties inférieures et supérieures, et, en arrière, dans la partie moyenne; la tête portée en avant et tournée à droite ou à gauche; les yeux assez grands et saillants.

Les *bécasses* et *bécassines* doivent être montées haut sur jambes et non perchées, les talons très-découverts et légèrement rapprochés; les jambes légèrement fléchies, rapprochées du point central du corps dans les bécasses, de la queue dans les bécassines; les ailes découvertes et écartées du corps, ou couvertes au tiers et rapprochées du corps. Le corps légèrement allongé; le dos légèrement arrondi; la queue légèrement abaissée, fermée et non cachée par l'extrémité des ailes; la poitrine arrondie; le cou allongé, légèrement fléchi en arrière; la tête arrondie, portée en avant et tournée à droite ou à gauche; les yeux assez grands et saillants.

Les *hérons, butors,* doivent être montés haut ou très-haut sur jambes, perchés ou non perchés; les talons très-découverts et légèrement rapprochés; les jambes légèrement fléchies, rapprochées de la queue; les ailes découvertes et légèrement éloignées du corps, ou couvertes au tiers et rapprochées du corps; le dos aplati dans les parties antérieures et moyennes; arrondi dans la postérieure; la queue légèrement abaissée, fermée et cachée en partie par les extrémités des ailes; la poitrine arrondie; le cou allongé, fléchi en avant dans les parties inférieures et supérieures, et en arrière dans la partie moyenne; la tête effilée, portée en avant et tournée à droite ou à gauche; les yeux grands et saillants.

Les *canards, sarcelles, harles,* doivent être montés bas sur les jambes et non perchés; les talons découverts et très-écartés, les jambes légèrement fléchies, rapprochées de la queue, également éloignées aux talons et à l'origine des phalanges; les ailes couvertes au tiers ou aux deux tiers, et rapppochées du corps. Le corps raccourci ou allongé; le dos légèrement arrondi; la queue légèrement abaissée et écartée, cachée en

partie par les extrémités des ailes; dans quelques espèces, le ventre abaissé; la poitrine arrondie, le cou
allongé, fléchi en avant dans les parties inférieures et
supérieures, en arrière dans la partie moyenne; la tête
aplatie sur les côtés, posée paisiblement sur le cou et
tournée à droite ou à gauche; les yeux assez petits et
peu saillants.

Les *cormorans*, les *Anhingas* peuvent être montés
sur un socle ou perchés, le corps presque vertical, la
la queue appuyée sur le socle; le cou fléchi en avant à
sa base et au sommet, fléchi en arrière au milieu, raccourci et replié sur le dos dans le repos.

Les *huppes* doivent être montées, bas sur jambes et
perchées; les talons découverts et écartés, les jambes
légèrement fléchies, rapprochées du point central du
corps; les ailes découvertes et écartées du corps, ou
ouvertes au tiers et rapprochées du corps.

Le corps allongé.

Le dos arrondi; la queue légèrement abaissée, écartée en voûte; la poitrine arrondie; le cou raccourci,
légèrement fléchi en arrière; la tête arrondie, posée
paisiblement sur le cou et tournée à droite et à gauche.
La huppe abaissée et légèrement entr'ouverte; les yeux
assez grands et saillants.

Les *martins-pêcheurs* doivent être montés très-bas
sur jambes et perchés ; les talons couverts et écartés ;
les jambes très-fléchies, rapprochées de la queue ; les
ailes découvertes et écartées du corps, ou couvertes au
tiers et rapprochées du corps ; le corps raccourci, dans
une position oblique ; le dos arrondi et relevé dans la
partie postérieure ; la queue abaissée, légèrement écartée ; la poitrine arrondie ; le cou raccourci, légèrement
fléchi en arrière ; la tête effilée sur les côtés, portée en
avant et tournée à droite ou à gauche ; le bec fermé ; les
yeux dans une direction oblique et peu saillants.

Les *coucous* doivent être montés bas ou très-bas sur
jambes et perchés ; les talons couverts ou découverts,
rapprochés du corps ; les jambes fléchies ou très-fléchies, approchées du point central du corps ; les ailes
couvertes au tiers ou aux deux tiers et rapprochées du
corps. Le corps allongé ; le dos aplati ; la queue abaissée, écartée en voûte ; la poitrine arrondie ; le cou
raccourci, fléchi en arrière ; la tête arrondie, portée en
avant et tournée à droite ou à gauche ; les yeux assez
grands et peu saillants.

Les *pies*, bas ou haut sur jambes, perchées ou non
perchées ; les talons découverts et rapprochés ; les jambes légèrement fléchies, rapprochées de la queue ; les
ailes découvertes et écartées du corps, ou couvertes

8

au tiers ou aux deux tiers et rapprochées du corps. Le corps raccourci, dans une position oblique; le dos arrondi; la queue abaissée, écartée en voûte; la queue est très-relevée quand elle saute; la poitrine arrrondie; le cou raccourci, fléchi en arrière; la tête arrondie, posée paisiblement sur le cou et tournée à droite ou à gauche; les yeux assez grands et saillants.

Les *geais*, les *casse-noix*, *rolliers* doivent être montés bas sur jambes et perchés; les talons découverts et rapprochés; les jambes légèrement fléchies, rapprochées de la queue; les ailes couvertes au tiers ou aux deux tiers et rapprochées du corps; le corps raccourci, dans une position oblique; le dos arrondi; la queue légèrement relevée et écartée en voûte; la poitrine arrondie; le cou raccourci, fléchi en arrière; la tête arrondie, posée paisiblement sur le cou et tournée à droite ou à gauche; les yeux grands et saillants.

Les *loriots* doivent être montés bas sur jambes et perchés; les talons découverts et rapprochés; les jambes fléchies, rapprochées de la queue; les ailes découvertes et écartées du corps, ou couvertes au tiers et rapprochées du corps; le corps allongé, dans une position oblique; le dos aplati; la queue légèrement abaissée, écartée en voûte; le ventre abaissé; la poitrine arrondie; le cou légèrement allongé et fléchi en arrière;

la tête arrondie, posée paisiblement sur le cou et
tournée à droite ou à gauche ; le bec fermé, dans une
position oblique et relevé ; les yeux assez grands et
saillants.

Les *corbeaux, corneilles*, doivent être montés bas
sur jambes, perchés ou non perchées ; les talons découverts et écartés ; les jambes légèrement fléchies, rapprochées de la queue, également éloignées entre elles ;
les ailes découvertes et écartées du corps, ou couvertes au tiers et rapprochées du corps ; le corps
allongé, dans une position oblique ; le dos légèrement
aplati ; la queue légèrement abaissée, écartée en voûte ;
le ventre abaissé ; la poitrine arrondie ; le cou allongé, fléchi en arrière ; la tête arrondie, posée paisiblement sur le cou et tournée à droite ou à gauche ; les
yeux grands et saillants.

Les *perroquets* doivent être montés bas ou très-bas
sur jambes, perchés ou cramponnés ; les talons découverts ou couverts et écartés ; les jambes fléchies ou
très-fléchies et rapprochées de la queue, lorsqu'ils perchent ; les ailes couvertes au tiers et rapprochées du
corps, quand ils perchent, ou découvertes et écartées quand ils sont cramponnés ; le corps allongé dans
une position oblique ; le dos arrondi ; la queue abaissée, légèrement écartée en voûte ; le ventre abaissé ; la

poitrine effacée ; la tête aplatie sur les côtés, posée paisiblement sur le cou et tournée à droite ou à gauche ; les yeux petits et peu saillants.

Les *pies-grièches* doivent être montées bas sur jambes et perchées ; les talons découverts et légèrement rapprochés ; les jambes fléchies, rapprochées de la queue ; les ailes couvertes au tiers et rapprochées du corps, non croisées à leurs extrémités ; le corps allongé, dans une position oblique ; le dos légèrement arrondi ; la queue légèrement abaissée, écartée en voûte et non cachée par les extrémités des ailes ; le ventre abaissé ; la poitrine arrondie ; le cou raccourci, légèrement fléchi en arrière ; la tête arrondie, posée paisiblement sur le cou et tournée à droite ou à gauche ; les yeux assez grands et saillants.

Les *buses*, ou *oiseaux de proie*, diurnes, doivent être montés bas ou haut sur jambes, perchés ; les talons découverts et écartés ; les jambes légèrement fléchies, rapprochées de la queue ; les ailes découvertes et légèrement écartées du corps ou couvertes au tiers et rapprochées du corps, croisées à leurs extrémités ; le corps allongé, dans une position oblique ; le dos aplati ou arrondi ; la queue légèrement abaissée et écartée en voûte, cachée en partie par les extrémités des ailes croisées ; le ventre relevé ou abaissé ; la poitrine arrondie ; le cou raccourci, légèrement fléchi en arrière ; la tête arrondie, posée paisiblement ou majestueusement sur le cou et tournée à droite ou à gauche ; les **yeux** grands et saillants.

Les *ducs, chouettes, hiboux* ou *oiseaux de proie* nocturnes, doivent être montés bas ou très-bas sur jambes, perchés ou non perchés ; les talons couverts ou découverts et écartés ; les jambes droites ou fléchies, rapprochées de la queue ; les ailes couvertes au tiers ou aux deux tiers et rapprochées du corps, croisées à leurs extrémités ; le corps raccourci, dans une position oblique ; le dos arrondi ; la queue abaissée ou très-abaissée, légèrement écartée en voûte et cachée en partie par les extrémités des ailes ; le ventre abaissé ; la poitrine légèrement arrondie ; le cou raccourci, droit ou fléchi en arrière ; la tête arrondie, posée paisible- ment sur le cou, tournée à droite ou à gauche ; les yeux très-grands et très-saillants.

Le *flammant* doit être monté très-haut sur jambes et non perché ; les talons très-découverts et légèrement rapprochés ; les jambes légèrement fléchies, rappro- chées de la queue ; les ailes découvertes et écartées du corps, ou couvertes au tiers et rapprochées du corps ; le corps allongé, dans une position oblique ; le dos aplati dans la partie antérieure, arrondi dans la partie moyenne et postérieure; la queue abaissée, fermée, cachée en partie par les extrémités des ailes; le ventre relevé; la poitrine arrondie; le cou allongé, fléchi en avant dans les parties inférieures et supérieures, et en arrière dans la partie moyenne; la tête arrondie, portée en avant et tournée à droite ou à gauche; les yeux assez grands et saillants.

# TABLE

FIN DE LA TABLE.

# COLLECTION DE 40 MANUELS

## *à 50 c. le volume, franco 75 c.*

MANUELS de la bonne Société, ou l'art du bon Ton, de l'Élégance et de la Politesse.—De Physique, de Chimie, de Géométrie, de Géologie, d'Agriculture, d'Économie, d'Hygiène, de Morale, d'Histoire. — Des Devoirs de la jeunesse, et moyen de faire honorablement son chemin dans le monde. — Du Dessin et de la Gravure, sans maître, avec de nombreuses planches d'études. — De la Peinture, sans maître, à l'aquarelle, à la gouache, sur verre, orientale, etc. — De la Sculpture, du Mouleur, etc., sans maître, avec planches d'études. — Découpure des fleurs en papier, en perles, en cheveux, en soie, etc. — Du Pianiste et du Plain-Chant. — Du Musicien et du Chant. — De la Danse, de la Valse et de la Polka. — De la Broderie, du Crochet et du Filet, suivi des meilleurs moyens pour faire ses robes, de maximes choisies et de miscellanées. — Du Tricot à l'aiguille, au cadre, à la baguette, au clou, au crochet, etc. — De la parfaite Couturière, avec planches et patrons. — De la Lingère, avec planches et patrons. — De la Blanchisseuse en tous genres. — De la Coiffure. — De la Toilette, guide des dames et des demoiselles, avec recettes utiles. — De la Culture des fleurs. — Du Jardinier. — Des Dames poètes, gracieuses compositions. — Des Jeux d'esprit, charades, logogriphes, geménis. — Guide des Mères de famille. — Du Médecin et du Pharmacien, formules et recettes utiles. — Des Jeux d'enfants. — Sur le choix d'une Carrière. — Des Tableaux de l'Histoire littéraire, universelle. — De la Glacière et du Confiseur, recettes utiles, etc. — Du Parfumeur, recettes utiles. — Livre des saintes Patronnes. — Du Pâtissier. — Abrégé d'Arithmétique. — Le Trésor des Recettes utiles. — De l'emploi des Contrepoisons, et des secours à donner aux Empoisonnés. — Plus de disette, plus de Poitrinaires, plus de Choléra. — De la Modiste, histoire des Modes. — De la Comptabilité des ménages. — Du parfait Domestique.

LE TRÉSOR DES RECETTES UTILES ET DE GASTRONOMIE, moyens d'obtenir une santé parfaite, la beauté des traits du Visage et du Corps ; d'augmenter la puissance de nos facultés, de perfectionner la race humaine et de prolonger la vie. De la Propriété des aliments. Des cas dans lesquels les uns ou les autres doivent être préférés ou rejetés. — L'Art d'en augmenter l'arome, la saveur, les principes nutritifs. De les rendre tendres, de digestion facile. De vivre très-bien et à bon marché ; suivi d'une Gymnastique hygiénique, sans appareil, mise à la portée de tout le monde. Augmentation instantanée des forces musculaires. Procédé magnétique pour dissiper de suite et soi-même la Migraine et autres Maux de Tête. Recette pour se procurer la Gaîté. Recette pour engraisser. (Presqu etoutes nos maladies sont le résultat de notre extrême ignorance.) — 2ᵉ Édition. Prix : 50 c.

# COLLECTION DE TRAITÉS

*à 1 fr. le volume, 1 fr. 40 c. franco.*

TRAITÉS : du Coloriste. — Du Cubage des bois. — Dictionnaire de 1,100 locutions. — Guide pour fabriquer les pâtes et sirops pectoraux, les liqueurs, etc. — Petit Calculateur commercial. — Des Devoirs des enfants et des jeunes gens. — D'Horlogerie pratique. — Médecin des travailleurs. — Peinture sur papier de riz. — L'Amour maternel, par Millevoye, 1 vol. illustré. — Le Joyeux chansonnier. — Album artistique, illustré par Victor Adam; 1 vol. cartonné. — Éléments d'Agriculture théorique et pratique, 3 vol. — Dictionnaire de Médecine domestique. — Manuel d'Économie domestique. — L'Hygiène ou l'Art de conserver la Santé. — Éléments de Chimie, — L'Art vétérinaire mis à la portée des Cultivateurs, 2 vol. — Chemin de Croix illustré, 1 joli vol. Curmer. — La Lanterne magique, Panthéon biographique des Célébrités du jour, littéraires et artistiques, 1 joli volume illustré.

**LE BONHEUR DES FAMILLES,** ou l'Art d'être heureux dans toutes les circonstances de la vie.

**LES PENSIONNATS DE JEUNES FILLES,** par Marie Sincère. 1 vol. in-32.

**MANUEL DU SAVOIR-VIVRE,** ou l'Art de se conduire selon les convenances et les usages du monde, dans toutes les circonstances de la vie et dans les diverses régions de la Société.

### EXTRAIT DE LA TABLE DES MATIÈRES.

ENTRÉE DANS LE MONDE. — Toilettes, Visites, Présentation, Soirées, Bals, Conversations, Jeu, Art de plaire, les Femmes de goût.

DINERS EN VILLE. — Invitations, Arrivée du convive, Devoirs généraux, Service, Voisinage, Ruses gastronomiques, Toast, Ablutions, Café.

CLASSES. — Nobles, Bourgeoises, Ouvrières, Devoirs réciproques, Lettres, Style épistolaire.

DU TON ET DES MANIÈRES. — A Paris, en Province, Modes, Théâtres et Acteurs, les Quartiers de Paris, etc.

QUERELLES, DUELS. — Considérations, Devoirs des

témoins, Arrivée sur le terrain, Combat, Conduite à tenir après le combat, Législation du duel.

MARIAGES. — Préliminaires, Demande en mariage, Réponses, visites, Devoirs des futurs, Contrat, Formalités, Corbeille, Invitations, Bénédiction nuptiale, Banquet, Bal, Bouquets, Lettres de faire part, etc.

NAISSANCES ET DÉCÈS. — Formalité, Baptême, Devoirs et usages.

ÉTUDES SUR LES EXPRESSIONS DU VISAGE qui enlaidissent ou donnent aux traits la grâce, la distinction. Travers et ridicules à éviter, etc., par Meilheurat; 4e Édition, revue et augmentée par Marc Constantin. Prix............................................ 1 fr.

---

ALMANACH DU CHASSEUR de papillons et de toutes autres espèces d'insectes. 1 vol. in-18. 25 c.

---

TRAITE DE LA NATATION, ou l'art de nager est démontré avec la plus grandeprécision, suivi d'observations sur l'influence des bains sur la santé, avec planches. — Prix : 35 cent.

# LISTE

DES

## MARCHANDS A L'USAGE DE L'OISELEUR.

—

### CAGES-VOLIÈRES.

Barreta, rue de Valois, 2.
Lera, boulevard Saint-Martin, 27.
Mangin, quai de la Mégisserie, 16.
Morand, rue Saint-Lazare, 140.
Rasina, rue de la Roquette, 12.
Rupini, rue des Nonaindières, 49.
Sala, rue Beaubourg, 40.

### NATURALISTES.

Révalet, rue de l'Odéon, 9.
Deyrolle, rue de la Monnaie, 19.
Evans, quai Voltaire, 3.
Lefevre, quai Malaquais, 19.
Verreaux, place Royale, 9, et boulevard Montmartre, 6.

## OISELEURS.

Bara, boulevard Beaumarchais, 99.
Bazin, Marché-Neuf, 46.
Bonnet, boulevard du Temple, 49.
Docminy, place du Louvre, 6.
Dujardin, quai de l'École, 32.
Soutif, rue de la Roquette, 76.
Vaillant, place du Louvre, 8,

## USTENSILES DE CHASSE.

Barrêt, quai de la Mégisserie, 52.
Blanchard,          id.          50.
Chapel, rue Saint-Martin, 339.
Chauvin, rue Saint-Honoré, 218.
Delahaye, quai des Ormes, 44.
Devaux, rue Rambuteau, 84.
Game, rue Saint-Denis, 96.
Protat, rue des Gravilliers, 30.

*Pour les réclamations et les rectifications, s'adresser à l'Éditeur, 4, rue Croix-des-Petits-Champs.*

PARIS. — IMP. BLONDEAU RUE DU PETIT-CARREAU, 26.

PARIS. — IMP. BLONDEAU, RUE DU PETIT-CARREAU, 26.